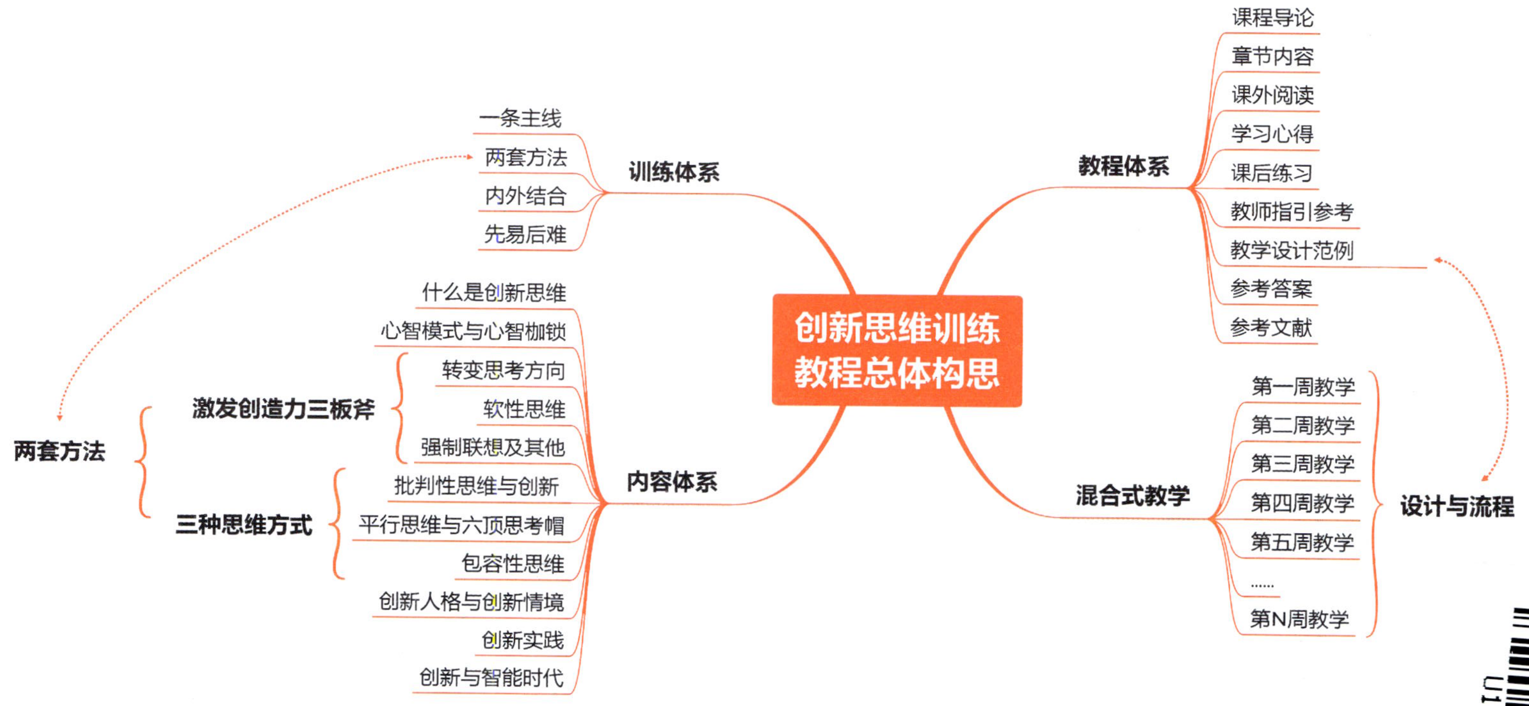
创新思维训练教程总体构思
训练体系
一条主线
两套方法
内外结合
先易后难
内容体系
什么是创新思维
心智模式与心智枷锁
转变思考方向
软性思维
强制联想及其他
批判性思维与创新
平行思维与六顶思考帽
包容性思维
创新人格与创新情境
创新实践
创新与智能时代
激发创造力三板斧
三种思维方式
两套方法
教程体系
课程导论
章节内容
课外阅读
学习心得
课后练习
教师指引参考
教学设计范例
参考答案
参考文献
混合式教学
第一周教学
第二周教学
第三周教学
第四周教学
第五周教学
……
第N周教学
设计与流程

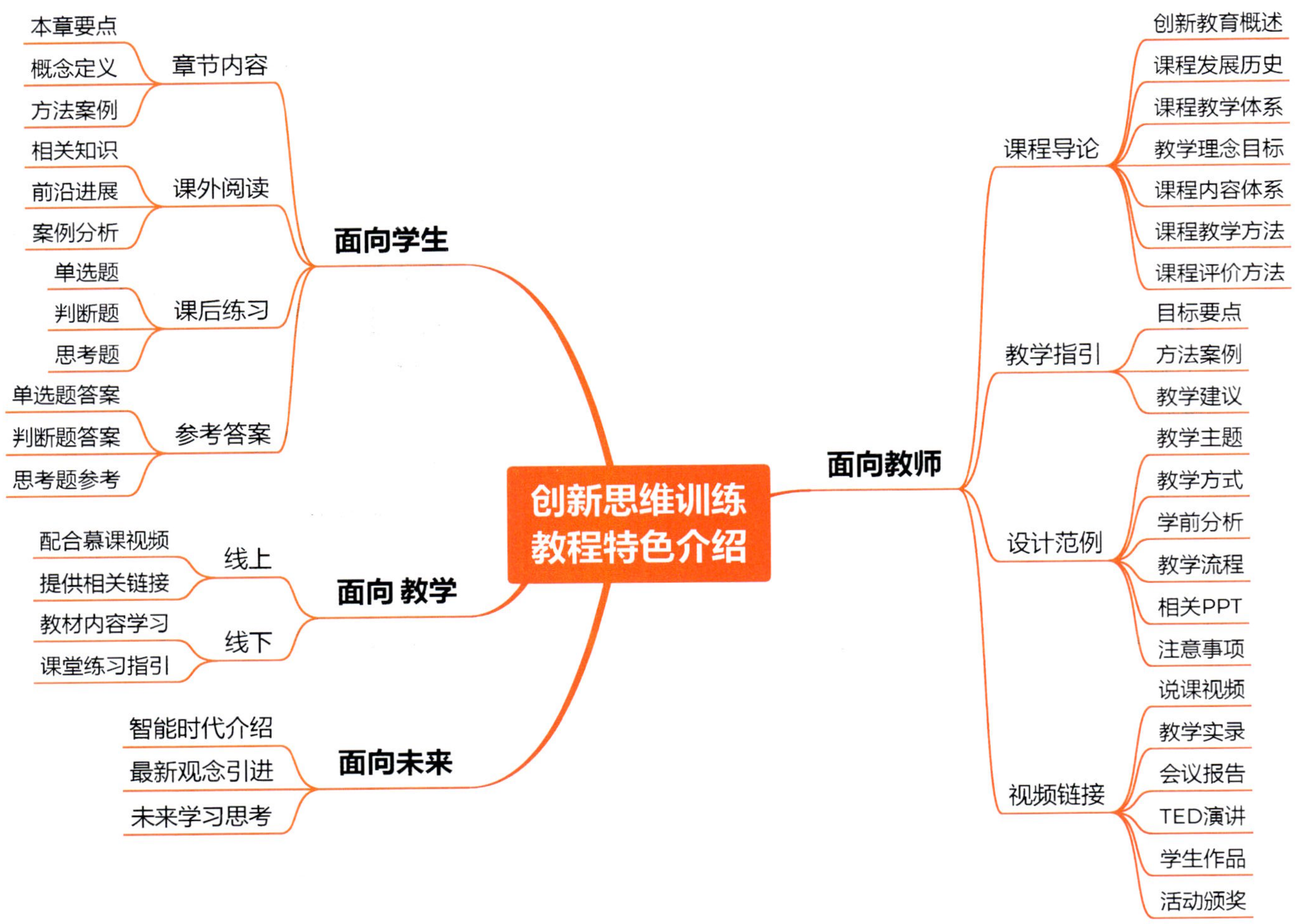
创新思维训练教程特色介绍
面向学生
章节内容
本章要点
概念定义
方法案例
课外阅读
相关知识
前沿进展
案例分析
课后练习
单选题
判断题
思考题
参考答案
单选题答案
判断题答案
思考题参考
面向 教学
线上
配合慕课视频
提供相关链接
线下
教材内容学习
课堂练习指引
面向未来
智能时代介绍
最新观念引进
未来学习思考
面向教师
课程导论
创新教育概述
课程发展历史
课程教学体系
教学理念目标
课程内容体系
课程教学方法
课程评价方法
教学指引
目标要点
方法案例
教学建议
设计范例
教学主题
教学方式
学前分析
教学流程
相关PPT
注意事项
视频链接
说课视频
教学实录
会议报告
TED演讲
学生作品
活动颁奖

首届国家精品在线开放课程
新形态数字化立体教材
线上线下混合式学习专用教材
原创性创新思维训练体系

创新思维训练教程

王竹立　著

西安电子科技大学出版社

内容简介

本书是将教与学、线上与线下、理论与实践、基础与前沿融为一体的新型混合式创新思维学习教材，是首届国家精品在线开放课程“创新思维训练”内容的深化与拓展，以作者原创的“一条主线、两套方法、内外结合、先易后难”创新思维训练体系为核心，详细介绍了创新思维训练的理论、原则、方法、案例和教学设计，是作者学养与实践的结晶。

本书包括课程导论、课程章节、课程教学设计范例等主要模块。课程章节又分为本章要点、理论知识、课外阅读、学习心得、课后练习和教师指引参考等内容。课程教学设计范例以中山大学“创新思维训练”课程为样板，展示了每一周每节课的教学设计与教学流程，构成一个完整的教学周期，可供相关学校和机构借鉴与参考。最后一章“创新与智能时代”还介绍了面向智能时代的新知识观、新学习观和对创新的展望等内容。

本书可作为各层次学校的教材，也可作为各层次学校教师指导用书、机构培训教材以及自学思维训练的参考书。相关教学课件请登录 www.xduph.com 进行下载。

图书在版编目(CIP)数据

创新思维训练教程/王竹立著. —西安：西安电子科技大学出版社，2020.5(2022.8 重印)
ISBN 978-7-5606-5644-1

Ⅰ. ① 创…　Ⅱ. ① 王…　Ⅲ. ① 创造性思维—思维训练—教材　Ⅳ. ① B804.4

中国版本图书馆 CIP 数据核字(2020)第 058218 号

策　　划　明政珠
责任编辑　明政珠　毛红兵
出版发行　西安电子科技大学出版社(西安市太白南路 2 号)
电　　话　(029)88202421　88201467　　邮　　编　710071
网　　址　www.xduph.com　　电子邮箱　xdupfxb001@163.com
经　　销　新华书店
印刷单位　陕西天意印务有限责任公司
版　　次　2020 年 5 月第 1 版　2022 年 8 月第 3 次印刷
开　　本　787 毫米×1092 毫米　1/16　印 张　14　彩插　1
字　　数　325 千字
印　　数　6001～8000 册
定　　价　39.80 元
ISBN 978-7-5606-5644-1/B
XDUP 5946001-3
＊＊＊**如有印装问题可调换**＊＊＊

前　言

关于创新思维的书籍，市面上已经有不少，即使算不上汗牛充栋，至少也让读者目不暇接。但在林林总总的各种谈创新思维的书中，真正以一门真实的思维训练课程为基础，具有原创性、系统性、实操性和前沿性的教材，却非常少见。大多数书籍都属于资料收集或案例汇编类型。

本书作者精研和实践创新思维已逾十年，在中山大学开设一门“创新思维训练”课程，不断探索和总结经验，已出版《你没听过的创新思维课》第一、二版，《学习与创新：互联网时代如何做教师》和《碎片与重构》等著作。其主讲的“创新思维训练”课程获得“首届国家精品在线开放课程”称号，被广东省教育厅正式发文向全省本科高校推荐使用，并获得广州市高校创新创业教育优秀成果奖，登上学习强国平台。目前，已有上千所高校采用本课程慕课进行教学，上百万大学生通过本课程的学习获得学分，读过或看过相关书籍的人更是难以计数。

为了将这门国家精品在线开放课程的思维训练体系、线上线下混合教学方法和经验传承下来和传播开去，作者不揣浅陋，对多年从事创新思维教学和写作的经验进行系统加工、整理，参照教材的编写要求进行再创造，撰成此书。本书既是教材，又是学材，是教材与学材的结合，适合各种形式的创新思维训练之用，尤其适合线上线下混合式教学使用。可供开展创新思维训练的学校、企业、团体选作教材，也可作为个人自主学习和进行思维训练的材料。

不同于以往的教材，本书是一本基于翻转课堂教学模式的混合式学习教程，既可以与慕课配合使用，也可以单独使用。

1. 本书的体例

本书内容分为如下四大模块。

1）课程导论

课程导论是本课程的总纲，介绍本课程的建设过程、教学体系、教学理念、教学目标、教学方式、评价方式等内容。

2）课程章节

这是本教程的核心内容，一共12章。章节安排是在原线上课程视频（简称慕课）各讲内容的基础上，结合线上线下混合式教学实际，重新编排调整的结果。与慕课目录基本相同，但又并非完全一致，稍加注意即可，不会影响读者的学习。其中必须特别指出的是，第12章"创新与智能时代"是新增的内容，重点介绍了面向智能时代的新知识观、新学习观和对创新的展望。每章内容又包括以下几部分。

（1）理论知识。这部分介绍创新思维训练课程相关的概念、知识、理论、方法等内容，比慕课内容更加严谨、丰富、规范，是慕课的全面升级。

（2）课外阅读。这是每章理论知识的补充。

（3）课后练习。在慕课练习题基础上，本教程补充了大量的客观题和主观题。

（4）学习心得。

（5）教师指引参考。这部分介绍与本章理论知识相关的教学方法、教学案例、教学经验等。

3）课程教学设计范例

课程教学设计范例以中山大学"创新思维训练"核心通识课程为样板，按照教学周先后顺序，结合相关章节内容，详细介绍每节课的教学设计和教学流程样例，供各校借鉴和参考。

4）各章问题参考答案

每章课后练习和教学案例都提供了参考答案。

2. 本书使用方法

本书建议采用以下三种使用方法：

（1）作为线下课程教材使用。若学校或机构采用单纯的线下课堂教学，则可将该教程作为教师和学生的共同教材。学生建议以每章理论知识、课外阅读、课后练习为主要学习内容；教师则重点参阅每章后面的教师指引参考和附录中的课程教学设计范例。

（2）作为线上线下混合教学的教师用书使用。若学校或机构使用该课程慕课视频作为学生线上学习材料，线下开展混合式教学或翻转课堂教学，这本书可作为教师的首选指导用书。

（3）作为个人学习创新思维的指导材料。个人可结合该书内容进行自主学习和训练。

本书的撰写正值新型冠状病毒肺炎肆虐之时，作者响应国家号召，闭门不出，在家专心著书，顺利完成全书的主要内容，也算意外的收获。

3．本书对应慕课获取方法

本书对应的慕课视频获取方法如下：

（1）学校和机构可联系超星集团公司获取课程全部资源（含学生版和教师版视频、练习题等）。超星尔雅通识课网址二维码如码一所示。

（2）个人学习者可通过学习强国平台学习：手机安装学习强国 APP，在 APP 内搜索“广东学习平台”，点击“慕课讲堂”栏目，找到【专题】→中山大学慕课，在中山大学慕课内查找“创新思维训练”课程即可。第一讲网址二维码如码二所示。

码一　　码二

著　者

2020 年 2 月 16 日

目 录

课程导论

一、创新教育概述

迄今为止，创新教育并没有一个统一的模式和成熟的体系，创新思维研究也未形成一个独立的学科，而是散布在教育学、心理学、神经科学乃至哲学等多个领域。创新思维属于一个典型的“软知识”领域，但多年的研究也开始产生了一些基本共识，这些共识将慢慢沉淀为“硬知识”。例如关于创新教育，心理学研究至少提供了三种基本思路或模式，见表 0.1。

表 0.1　创新教育三种模式

模式名称	倡导人物	特　征	举　例
托伦斯模式	托伦斯 斯滕伯格 润克	注重与创造力相关的思维方式和行为倾向，培养思维品质与思维习惯	专门开设创新思维训练课程
费尔德曼模式	费尔德曼 谢维尼纳 帕金斯	在课程设置和教学上为学生创造空间，通过差异化发展增加创造潜力	将创新理念引入课程教学的创客式教育
索耶模式	索耶 基依 维斯伯格	参与特定领域共同体的创造实践活动，培养与之相关的习惯、知识等，形成专长，强调创造的领域具体性	各种发生在创客空间和创新工场的教育活动

托伦斯模式适用于创新教育的入门和基础训练阶段，费尔德曼模式适合从理论向实践的过渡阶段，索耶模式则适合于创新实践阶段。本课程属于托伦斯模式的创新教育。

二、本课程发展历史

本教程介绍的创新思维训练课程，最早可追溯至 2010 年在中山大学首次开设的研究生暑期课程。在此之前，笔者已开始从事创新思维的研究与教学，并撰写了《创新思维训练课程讲义》。此后，笔者将此课程作为教育技术学专业研究生的选修课保留下来。

此后近十年的时间里，本课程逐渐发展至今，成为一门具有全国影响力的思维训练课程，见表 0.2。

表 0.2 创新思维训练课程建设大事记

年份	课程建设内容	备注
2010	首次开设"创新思维训练"课程 撰写《创新思维训练课程讲义》	面向硕士和博士生
2013	将创新思维训练内容引入"现代学习技术"通识课	面向本科生
2015	拍摄超星尔雅通识课"创新思维训练" 出版《你没听过的创新思维课》第 1 版	面向全国高校本科生
2016	"创新思维训练"成为中山大学本科生校内通识课	开展线上线下混合式教学
2017	"创新思维训练"陆续成为校内核心通识课、广东省高校推荐课程和首届国家精品在线开放课程 获得广东省教育厅重点立项资助 出版《你没听过的创新思维课》第 2 版和《学习与创新：互联网时代如何做教师》 拍摄《创新思维训练》教师版	《学习与创新：互联网时代如何作教师》入选 2017 年度《影响教师的 100 本书》榜单
2108	获得广州高校创新创业教育优秀成果奖	
2019	"创新思维训练"课程登上学习强国平台	面向全社会开放

三、本课程的教学体系

本课程的思维训练体系可用"一条主线，两套方法，内外结合，先易后难"十六个字来概括，见图 0.1。

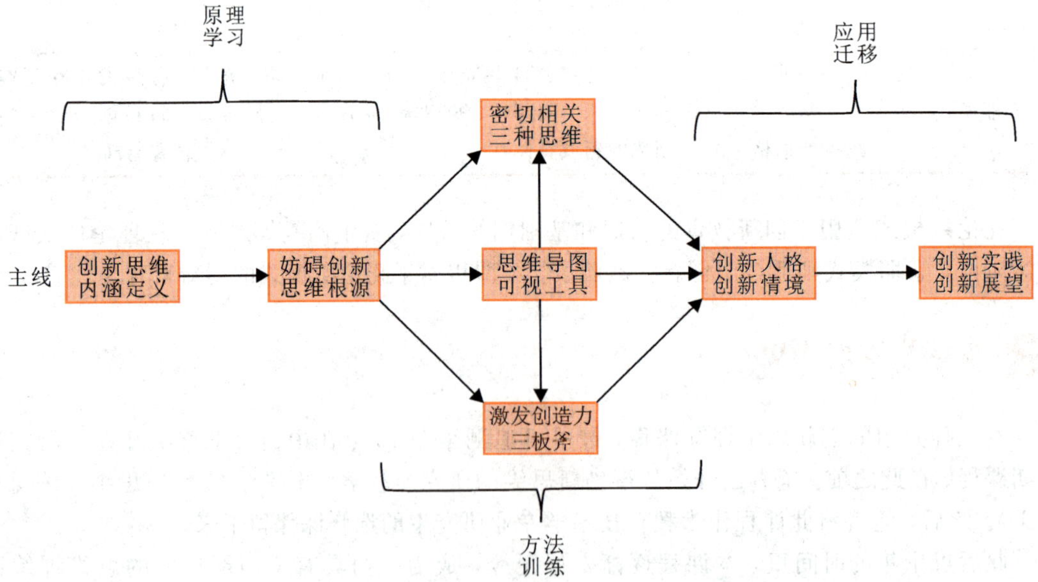

图 0.1 王竹立创新思维课程训练体系

1. 一条主线

本课程的教学思路是，先从创新思维的内涵和定义开始学习，通过心智模式和心智枷锁的介绍，让学习者懂得妨碍创新思维的根本原因所在，通过两套方法对学生进行突破思维定式训练，再通过创新实践实现知识技能的初步应用与迁移。

2. 两套方法

两套方法是指激发创造力、突破心智枷锁的方法。一套是“激发创造力三板斧”，即转变思考方向、软性思维和强制联想，这是主方法；另一套是“与创新密切相关的三种思维”，即批判性思维、平行思维和包容性思维，这是辅方法。批判性思维长于质疑，平行思维长于发散，包容性思维长于统合。创意形成的过程就是一个先质疑提问，再发散思考，最后统合归一的过程。思维导图则为上述两套方法提供可视化工具，可在方法训练中经常应用。

3. 内外结合

本课程的教学不仅体现在课内，还体现在课外，不仅有线上学习和课堂训练，还有平时的交流分享、习惯养成。教师会经常利用学习平台和微信群，引导学生发现身边的创新案例；要求学生经常分享自己的新创意，培养创新习惯；补充各种课外学习材料，丰富教学内容。

4. 先易后难

创新思维可教又不可教，可教的是对创新相关的知识、原理、方法的学习和掌握，意识和习惯也可培养；不可教的是创新人格的形成、创新情境的打造以及创意的产生和实现。前者容易，故放在课程的前半段学习；后者较难，或需要付出长期的努力，非一朝一夕之功，或需要灵感和顿悟，或依赖外界环境条件，故放在课程后半段介绍。故课程教学效果有近期效果和远期效果之分。我们的研究发现，近期效果中对创新意识、习惯和思维的变通性提升方面效果明显，远期效果则体现在多年后，确有学习者反馈该课程对他们的工作、学习和生活产生的长期影响。

四、本课程基本理念与教学目标

创新思维训练课程并无固定的标准与规范可供遵循，无论是内容还是形式都处于探索阶段。本课程在长期实践的基础上，形成了一套独特的理念、目标、内容和方法体系。笔者在做课程教学设计时遵循以下四个基本原则。

1. 创新性原则

课程的设计首先应体现出创新性。所谓创新性就是在教学过程中，要努力求新求异，每堂课都有所变化、有所创新，让学生不觉得重复厌倦，使他们常常有意外的惊喜，从而受到潜移默化的熏陶。

2. 灵活性原则

灵活性是指教学过程应该因时因地制宜，根据课堂气氛、教学效果、现场灵感等随时调整教学内容和进度，而不是僵化执行事先预定的程序。事前既要精心设计，又要留下充分的自由发挥空间。

3. 实践性原则

创新思维训练课程重在“训练”，主要目的是提高学生的创新意识和创新能力。创新思维能力的提高、理论知识的学习固然必要，但更重要的是思维方法的学习与训练。课程目标不是让学生记住多少创新思维的概念和理论，而是通过有效的练习，开发他们的思维，转变心智模式，让他们实实在在地感受和领悟创新思维的无穷魅力。在内容的选择方面，既要重视创新思维原理的学习，又要重视实际的操练，原理的学习应更多地融入到思维训练活动之中。

4. 差异性原则

创新教育是为了培养个性化的人、与众不同的人，而不是一个模子里出来的人。尊重人与人之间的差异性是题中应有之义，甚至应该鼓励这种差异性。因此，在评价学生时应该体现差异性原则，不要用一种统一的标准化评价来限定学生，而应该采用多元化、个性化评价方式。要因人而异，少做人与人之间的横向比较，多做每个人前后的纵向比较，充分发挥每个人的个性和长处。

本课程有五大教学目标：树立创新意识、培养创新习惯、了解创新原理、掌握创新方法、完成创新实践。这五大目标有先有后、由低到高、循序渐进，如图 0.2 所示。

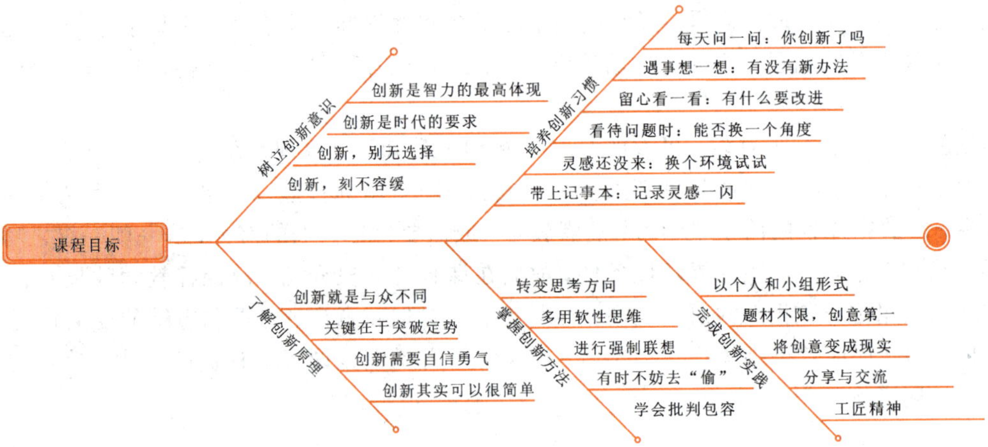

图 0.2　创新思维训练课程教学目标详解

五、本课程的内容体系

本课程慕课一共十五讲，见表 0.3。课程核心内容主要是激发创造力三板斧(转变思考方向、软性思维和强制联想)和与创新相关的三种思维方式(批判性思维、平行思维和包容性思维)。

表 0.3　“创新思维训练”在线开放课程视频目录

章　节	内　容	备　注
第一讲	什么是创新思维	创新思维定义
第二讲	心智模式与心智枷锁(上)	创新思维原理
第三讲	心智模式与心智枷锁(下)	

续表

章　节	内　容	备　注
第四讲	转变思考方向	激发创造力三板斧(课程核心内容)
第五讲	软性思维	
第六讲	强制联想	
第七讲	思维导图及其创新应用	创新思维工具
第八讲	简化思维与打破规则	扩展内容
第九讲	移植、借鉴与连接	
第十讲	批判性思维与创新	三种与创新思维密切相关的思维方式(课程核心内容)
第十一讲	平行思维与六顶思考帽	
第十二讲	包容性思维	
第十三讲	创新人格	扩展内容
第十四讲	创新情境	
第十五讲	创新思维课程总结	内容总结

本教程的章节与慕课目录大体相同，但根据混合式教学实际进行了部分调整，见表0.4。

表 0.4　《创新思维训练教程》章节目录

章　节	内　容	备　注
第 1 章	创新思维	对应慕课第一讲
第 2 章	心智模式与心智枷锁	对应慕课第二、三讲
第 3 章	思维导图及其创新应用	对应慕课第七讲
第 4 章	转变思考方向	对应慕课第四讲
第 5 章	软性思维	对应慕课第五讲
第 6 章	强制联想及其他	对应慕课第六、八、九讲
第 7 章	批判性思维与创新	对应慕课第十讲
第 8 章	平行思维与六顶思考帽	对应慕课第十一讲
第 9 章	包容性思维	对应慕课第十二讲
第 10 章	创新人格与创新情境	对应慕课第十三、十四讲
第 11 章	创新实践	
第 12 章	创新与智能时代	

六、本课程的教学方式

笔者在中山大学开设的“创新思维训练”课程，采用慕课＋翻转课堂教学模式。学生们首先在手机或电脑上观看教师的授课视频，并完成相应的练习题和思考题；课堂上则主要进行相关的思维训练，开展丰富多彩的练习与游戏；最后阶段要求以个人或小组为单位，完成创意作品并公开展示，接受教师和同学们的评价。

本课程每周上课 1 次，每次 2 学时，共 36 学时，记 2 学分。课堂学习时，笔者要求同学们自带设备进课堂，即“手机进课堂”；在线上学习时，则采用“课堂进手机”形式，利用手机平台功能，开展签到、直播、讨论、选人、抢答、布置任务、提交作业等教学活动。实践证明，这种“课堂进手机”教学方法，有利于督促学生观看教师布置的视频和资料、保证在线学习质量、营造共同在线学习氛围，比单纯地让学生课前看视频效果要好。本课程线上、线下教学流程见图 0.3。

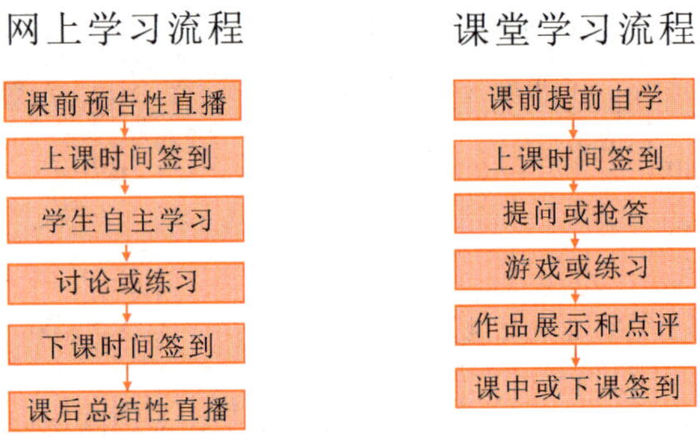

图 0.3 线上、线下教学流程

网上学习流程第一环节“课前预告性直播”也可以用“课前发布导学案”代替。

其他开设本课程的学校，建议可采用以下几种教学方式。

(1) 线下学习。引进本教程作为教材，安排专门的教师开展课堂教学。学生通过学习教材和听老师讲课，完成练习和测验后，可得 1～2 个学分。

(2) 线上线下混合式学习。引进本教程作为教材，与本课程慕课(学生版)相结合，并安排专任教师授课。学生在课前自学课程视频或其他教学资源，在课堂上完成教师布置的练习或游戏。学习评价由线上线下两部分构成。这种学习方式是本课程推荐的教学方式，计 2～3 个学分。

(3) 与其他创新创业类课程相结合的混合式学习。以本教程为教材，同时引进包括本课程在内的多门创新创业类课程，让学生混合学习。这种学习往往与具体的创新创业类实践同时进行。

此外，还有众多的社会学习者通过观看本课程视频或/和阅读本教程，开展个人自主性学习。

七、本课程的评价方式

学习评价是教育教学的指挥棒。评价体系和机制直接影响教师和学生的行为方式。评价设计一般可从表 0.5 所述几个方面考虑。

表 0.5　评价设计的四大要素

评价原则	评价类型	评价内容	评价主体
科学性原则	诊断性评价	知识和技能	教师
发展性原则	形成性评价	思维和情感	学生
真实性原则	总结性评价	过程和方法	社会(第三方)
全面性原则	——	——	——

评价的科学性原则是指评价应建立在科学的基础之上，发展性原则是指评价应有利于学习的可持续发展，真实性原则是指评价应体现学习者在真实情境中解决真实问题的能力，全面性原则是指评价应覆盖学习的各个方面而不是局限在某一个侧面。

1. 传统评价理念

传统评价理念重视评价的科学性原则，却忽视发展性原则、真实性原则、全面性原则；较多的采用诊断性评价、总结性评价，但不重视形成性评价；重视对知识和技能评价，却忽视思维和情感、过程与方法的评价；往往只有教师对学生的单方面评价，缺少学习者的自评与互评以及第三方评价。

2. 新的评价理念

(1) 新的评价理念则更多地强调评价的发展性原则、真实性原则和全面性原则，认为评价最主要的目的不是要将学生按照分数区别为三六九等，分出个你高我低，而是要促进学习的可持续发展。评价是为了让学习者了解自身的学习状况、长处短处，从而激发他们继续学习的动机，明确今后努力的方向。如果一个评价让学生对学习产生恐惧、厌恶的心理，那么这个评价就是失败的。评价还应该多关注学生在真实情境中解决真实问题的能力，而不仅仅是对书本知识的理解与记忆。传统的标准化考试反映的主要是学生对书本知识的掌握情况，而不是解决真实问题的能力；书本知识是学习的输入内容，学生通过学习能完成哪些实际任务、解决哪些真实问题、形成哪些作品与成果，才是学习的输出过程。今天的评价应更加重视学习的输出，而不是输入。

(2) 新的评价理念还主张把形成性评价放在比诊断性评价和总结性评价更重要的位置，形成性评价更多地反映了学习的过程，有利于改进教师的教和学生的学。信息技术和教学大数据分析为形成性评价提供了科学基础和技术便利。评价内容除了知识和技能之外，还应该重视思维和情感、过程和方法的评价，体现全面性原则；评价主体除了教师对学生的评价之外，还应该引入学生的自评与互评，有条件时还应该引进社会等第三方评价。

(3) 新的评价理念还强调评价的多元化和差异化，不强求用一份试卷或一套标准评价所有学习者，而应该具体情况具体分析，充分尊重不同学科、不同领域、不同人群的差异性与个性化。没有差异性与个性化，就培养不出创新性人才。

3. 本课程的评价理念

有鉴于此，本课程建议采用多元化评价和差异化评价。评价原则强调发展性原则、真实性原则和全面性原则；评价类型以形成性评价为主；评价内容除了知识和技能(创新原理、创新方法等)之外，更重视思维和情感(如学生的思维方式有无转变，学生是否具有了较强的创新意识，是否养成了创新习惯，是否对创新创造产生了浓厚的兴趣等)，以及过程和方法(学生是否参与了课程学习的全过程，是否掌握了学习创新思维的正确方法，是否开展了创新实践等）。评价主体既有教师对学生的评价，也有学生的自评和互评，还可以引入社会和第三方评价。

4. 中山大学的“创新思维训练”课评价标准

以笔者在中山大学开设的“创新思维训练”核心通识课为例，学习评价包括平时学习成绩（借助手机学习平台对学生平时线上和线下学习表现进行客观记录，占总分的 60%）、期末考试成绩（包括客观题和主观题两部分，占总分的 20%）和创意作品成绩（可以是小组或个人的作品，占总分的 20%）三部分构成。

期末考试包括客观题与主观题两部分，客观题主要检查学生对课程视频和课程教材的熟悉程度，一共 45 题，每题 1 分；主观题则为开放性问题或创新思维能力测试等。为了体现差异性与个性化，笔者一般会出三道试题，每道试题的分值不固定，而是根据学生的答题情况综合评判。举个例子，笔者 2018 年下学期出过这样的试题：

（1）现在很多学生点外卖，外卖小哥图方便把快递放到宿舍大门门口，有时候外卖太多而且很多人不及时来拿，这样有时就会出现外卖拿错的情况。有些人发现自己的被错拿走了，就随便拿一盒走，使其越来越乱。请你提出一种创新方案来解决这一问题。

（2）请用强制联想方法，设计一款新产品，或者创作一首诗歌。可以用图文并茂的方式来表现，要求体现创意形成过程。

（3）在一块土地上种植 4 棵树，要求每两棵树之间的距离相等，请问这 4 棵树应该怎么摆？（可画图示意）

这些题目都没有“唯一正确答案”，笔者鼓励学生给出多个答案，越多越好。例如上面最后一道题，可有多达四五种解决方案。期末考试成绩占课程总分的 20%。如果有学生对第一次考试成绩不满意，还可以参加第二次考试，以两次考试的最高分为最后考试成绩。这主要是鼓励学生进一步学习，从而体现评价的发展性原则。

每学期最后阶段的创新实践是课程学习的最高潮，常常是新意叠出，惊喜不断。笔者每学期会根据具体情况提出不同的创意主题，有时要求学生围绕白纸完成创意作品，有时要求结合智能手机完成创意作品；有时建议学生将作品做成微视频形式发到朋友圈，所获得的点赞数（第三方评价）作为作品总分的一部分；有时结合展示时间点，让学生将作品展示环节设计成创意嘉年华形式。更多的时候不做任何限定，让学生自由联想、自由发挥想象力和创造力。创意作品由教师、学生共同评价，成绩占课程总分的 20%。很多学生的作业和作品，都成为笔者日后的教学案例。

创新思维训练无论对于何种年龄层次的人都非常重要。随着人类社会快速进入智能时代，培养具有创新意识、创新思维和创新能力的人才将成为教育的首要目标。未来创新思维课程将成为各类学习者最重要的课程之一，将会对学生的发展起到重要作用。

第1章　创新思维

【本章要点】

1. 什么是创新？什么是创新思维？
2. 创新思维有哪些基本特征？
3. 创新思维与常规思维有何不同？
4. 创新意识与创新的关系如何？
5. 明确知识与创新的关系；
6. 明确教育与创新的关系；
7. 明确创新的价值和意义。

1.1 创新

创新(Innovation)是指以提出有别于常规或常人思路的见解为导向，利用现有的知识和物质，在特定的环境中改进或创造新的事物、方法、理论、元素、路径、环境等，并能获得一定有益效果的行为。一个事物是否属于创新，要看它是否包含两个核心要素，即新颖和有价值。新颖就是与众不同，或前所未有；有价值在这里是指对社会发展和生活美好有积极的作用，是正面的价值，而不是负面的价值。价值既可是物质层面的实用价值，也可是精神层面的非实用价值，如审美、愉悦、启迪、鼓舞等；既可以是立时可见的当下价值，也可以是未来才会发生的潜在价值。

创新可分为三个层面：第一，更新，即以新事物替换旧事物，属于以旧换新的过程；第二，改变，即在旧事物的基础上进行改良或改造，属于从有到好的过程；第三，创造，即创造一个前所未有的新事物，属于从无到有的过程。从这里可以看出，创新比创造的含义要更广，创造是创新的最高形式。

创新是人类特有的认识能力和实践能力，是人类主观能动性的高级表现，是推动民族进步和社会发展的不竭动力。一个民族要想走在时代前列，就一刻也不能停止创新。创新在政治、军事、经济、社会、文化、科技、教育等各个领域都具有举足轻重的作用。

学科领域的创新主要表现为知识创新，行业领域的创新主要表现为技术创新，社会管理领域的创新主要表现为体制和机制创新。

近代以来人类文明进步所取得的丰硕成果，主要得益于科学发现、技术创新和工程技术的不断进步，得益于科学技术应用于生产实践中形成的先进生产力，得益于近代启蒙运动所带来的人们思想观念的巨大解放。可以说，人类社会从低级到高级、从简单到复杂、从原始到现代的进化历程，就是一个不断创新的过程。不同民族发展的速度有快有慢，发展的阶段有先有后，发展的水平有高有低，究其根本，民族创新能力的高低是其中的决定性因素。

1.2 创新思维

创新思维(Innovative thinking)是指以新颖独创的方法解决问题的思维过程，通过这种思维能突破常规思维的限制，以超常规甚至反常规的方法、视角去思考问题，提出与众不同的解决方案，从而产生新颖的、独到的、有社会意义的思维成果。

创新思维的本质在于用新的角度、新的思考方法来解决现有的问题。用通俗的话说就是，“和别人看同样的东西，却能想到不同的事情”，即“从人所共见，到人所未想”，这样一种思维方式就属于创新思维。

例如西班牙著名画家毕加索，看到一架旧自行车，就想到将车的把手和坐凳拆下来，拼成一个牛头的模样，挂在墙上，成为一件举世闻名的现成品雕塑。而大多数人看到自行车就是自行车，不会联想到牛头上去。这就是创新思维与常规思维的不同。

创新思维具有以下三大基本特征。

(1) 思维的流畅性。流畅性是指思维的速度，单位时间内产生点子或方案的数量越多，表示思维的流畅性越好。

(2) 思维的变通性。变通性是指思维方向的可变度，思维方向变化越多，表示思维的变通性越大。

(3) 思维的独特性。独特性是指思维的与众不同，思维越奇特、越少人想到，代表思维的独特性越高。

越是有创造力的人，总体来说其思维的流畅性、变通性和独特性越好。当然，不同的人在流畅性、变通性和独特性方面可有不同的表现。

创意(Creativity)是指“有创造性的想法、构思等”。创新思维是创意形成的过程与方法，创意是创新思维在思想层面的成果；而创新是创意的实现，是创新思维在行为层面的成果。创新就是人通过创新思维产生新创意，再将创意变成现实的过程。

1.3 创新思维与常规思维的不同

印度有位哲人说过这样一段话：“制造者知道如何用正确的方式来做事，他会用最富经济效益的方法去做事，用最少的力气制造出最大的成果……而创造者是个四处玩耍、探险的人，他不知道什么是正确的方法，所以他不断地寻找、追寻各种不同的方法；他常常会走错方向，但不论走到哪里，他总是能够从中学习，也因而变得愈来愈丰富。创造者会做从来没有人做过的事情，如果他只遵循正确的方法做事，就永远无法做出那些没有人尝试过的事情。”

这段话其实也可以作为创新思维与常规思维的一个区别点，常规思维在遇到问题时，会选择一种现成的、熟悉的、符合常理的、风险最小的解决方案，而创新思维则会选择那些未尝试过的、新奇的、不合常理的、冒险的解决方案。常规思维与创新思维的比较见表 1.1。

表 1.1　常规思维与创新思维的比较

常规思维	创新思维
一元的、连续的、线性的	多元的、跳跃的、发散的
单向的、平面的	多向的、立体的
逻辑、推理、分析、综合	直觉、顿悟、灵感、想象
讲究规则	打破规则
严谨的、谨慎的	灵活的、大胆的
可预期的	不可预期的
较少失误的	常有失误的
量的变化	质的飞跃

1.4 创新意识与创新的关系

创新意识是指人们对创新与创新的价值性、重要性的认识水平、认识程度，以及由此形成的对待创新的态度，并以这种态度来规范和调整自己的活动方向的稳定的精神态势。创新意识包括创新动机、创新兴趣、创新情感和创新意志。

创新动机是创新活动的动力因素，推动和激励人们发动和维持创造性活动。

创新兴趣是促使人们积极探求新奇事物的心理倾向，能促进创新活动的成功。

创新情感是引起、推进乃至完成创新的情感因素，只有具有正向的创新情感才能使创新成功。

创新意志是在创新活动中克服困难，冲破阻碍的心理因素，具有目的性、顽强性和自制性。

创新意识是人们进行创新创造活动的出发点和内在动力，是创新思维和创造力形成的前提。人是观念的动物，观念变了，一切好变；观念不变，一切难变。意识也是观念，意识决定行动。先要有创新的意识，然后才有创新的行动，然后才有创新的成果。创新意识的培养是创新思维训练的首要目标。正如印度一位哲人所说："多一点点创新的态度，就是创造力！"

爱迪生一生有数千项发明，号称"发明大王"。他之所以能取得如此大的发明创造成就，与他拥有强烈的创新意识密切相关。他给他自己和他的团队规定了一个"灵感定额"，即每周或每月必须有多少个创意和点子诞生。正是这种"要创新，一定要创新"的强烈意识，才成就了他的发明创造事业。

1.5 知识与创新的关系

知识与创新的关系十分复杂，而且存在争议。有一种想当然的观点认为，知识越多越有利于创新，但事实上并非一定如此，因为存在大量的反例。有研究证明，很多创新成果是在人年轻的时候、知识还不是那么丰富的时候完成的；随着年龄的增长，知识越来越丰富之后，同一个人反而有可能做不出年轻时那样的创新性成就了。某些专门领域的发明创造甚至不是由本领域的专家学者做出的，而是由一个外行或半个内行最先想到或提出的。许多学富五车的大学者，虽然以博学多才著称于世，却少有原创性的贡献。所有这些都说明，知识与创新并不具有线性的正相关关系。

创新是由创意和行动两部分构成的。创意的产生源于创新思维，而创新思维是对常规思维的挑战与突破。已有知识通常会导向常规思维，对创新思维反而可能起阻碍作用。然而将创意变成现实的行动，却离不开知识的帮助。没有知识，行动将变得非常困难。因此，知识对创新而言是一把双刃剑，既有有利的一面，也有不利的一面。在创意的萌芽阶段，过多的知识往往起到负面的作用；在创意的实施阶段，知识则将发挥积极的、正面的作用。

理解了这些道理，我们在学习知识的时候，就要服从于应用和需要，而不是漫无目标地学习，盲目地死记硬背。只有围绕兴趣和问题解决需要，通过自主学习与探究获取知识，构建个性化的知识结构，才最有利于创新创造。

1.6 教育与创新的关系

了解了知识与创新的关系，再来看教育与创新的关系，就变得比较容易了。学校教育对创新也是一把双刃剑，不恰当的教育妨碍创新，恰当的教育促进创新。

传统的学校教育制度是工业时代的产物。工业时代需要大规模的标准化人才，因此其教育制度也是以标准化、规范化为突出特征的。这种教育教学体系重在向学生灌输“正确的知识”和“标准化答案”，强调教科书和教师的权威性；采取班级授课制，统一管理、统一进度、统一评价，往往会压抑人的个性与创造力。有多项研究发现，从儿童到成人，随着年龄的增长，人的创造力是快速递减的，这与传统学校教育制度有密切关系（如图 1.1 所示）。

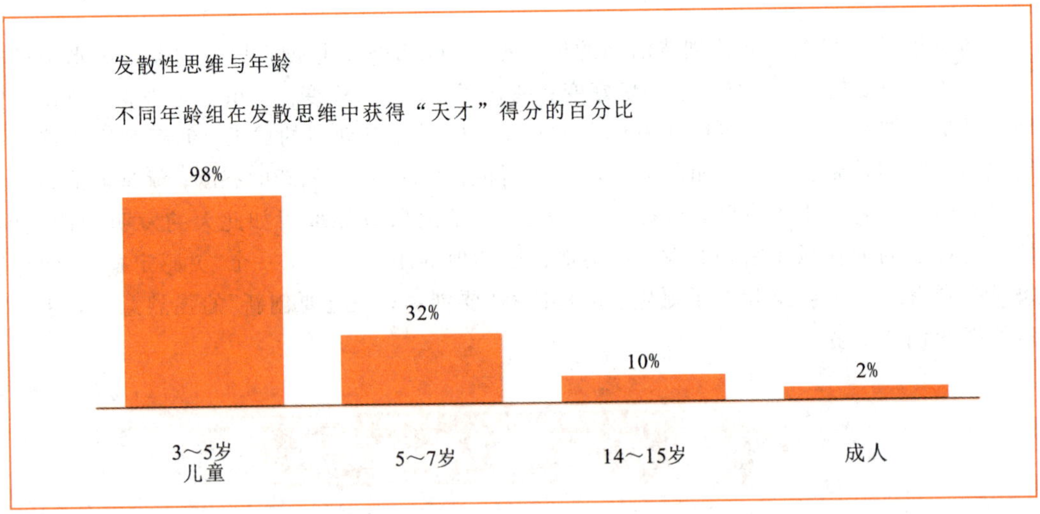

图 1.1　年龄与天才分数之间的关系

（转引自《远程教育杂志》2017 年第 1 期 P6）

正如知识与创新的关系一样，教育与创新的关系也是非常复杂的。有人对历史上创新人才的成就大小与其所受正规教育的关系进行研究，发现呈所谓倒"U"型曲线，与创新性成就最高点相对应的正规教育学历是大学本科；在此之前，随着正规教育程度的增高，创新性成就水平也随之增高；在此之后，随着所受正规教育程度的增高，创新性成就水平反而降低。

教育对创新的有利与不利因素见表 1.2。

表 1.2　教育中对创新的有利与不利因素

有利因素	不利因素
对独立思考的鼓励	对权威和书本的崇拜
对个性的包容	对个性的苛责
内容开放	内容封闭
求新求异	机械重复
鼓励寻找多个答案	追求唯一正确答案
多元化、差异化评价	标准化、统一化评价
容许失败	不容许失败
适度的竞争	过度的竞争

1.7 创新的价值和意义

创新的价值几乎是不证自明的。人类社会从原始时代发展到今天，无不是创新创造的结果。一个国家、一个社会一旦停止了创新创造，就意味着停滞不前，就意味着落后淘汰。人类是如何被"创造"出来的，现在还没有最终答案；但人类的使命就是不断创造一个新世界，却是没有疑义的。

从个人的角度来看，创新也是极有价值的。创新让生活变得充实和有意义，变得更加美好。生活中的创新可以是微创新、小创新。学习、工作中更需要创新创造。创新人才是当今最急需的人才，创造力就是竞争力。

从时代发展的角度来看，创新将变得越来越重要。人类正在以加速度进入智能时代，智能时代大量的常规工作将被机器人取代，人类唯一能做的就是做机器人不会做的工作，这些工作无不需要人类的智慧和创造性。

课外阅读

如何确定文艺创作的价值

西班牙艺术大师毕加索 1942 年创作了雕塑《牛头》，见图 1.2。

这个作品将旧自行车的把手和坐凳，创造性地重组在一起，变成了一幅艺术品，其价值百倍千倍地上升，这就是一个创新的典范。有人曾提出一个问题：如果这个艺术品不是毕加索的，而是其他人的，它的价值会不会百倍、千倍地上升？

这确实是一个很有挑战性、很值得思考的问题！

一件文艺作品之所以出名(名气越大，价值就越大)，到底是因为创作者名气大所致，还是因为艺术品本身特征所致？这不是一件能够简单评判的事。其实这样的问题古人就曾提出过。我国古代谈及诗歌时也有一种说法，一首诗之所以出名，到底是“诗以人传”呢，还是“人以诗传”？

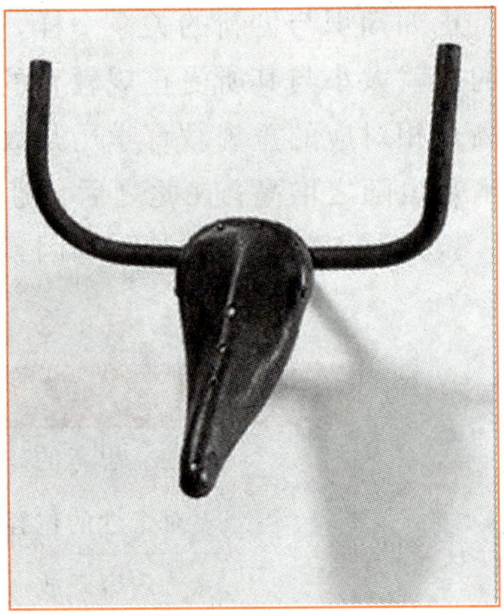
图 1.2 《牛头》雕塑(本图片来自网络)

好像两种情况都存在。有时是“人以诗传”，有些人因为一两首诗很红，就留名千古了。比如《登幽州台歌》的陈子昂，《春江花月夜》的张若虚，就凭一两首“前不见古人，后不见来者”“孤篇盖全唐”的名篇佳作，其大名至今仍令我们如雷贯耳、津津乐道。

有时也不排除有“诗以人传”的情形。比如李白、杜甫的一些诗，未必都是顶尖之作，但毕竟他们太有名了，因此读的人就比较多，评价也比较高。假若换作是另一个不太出名的人写的，还能这样吗？

举个例子，杜甫那首《江南逢李龟年》，“岐王宅里寻常见，崔九堂前几度闻。正是江南好风景，落花时节又逢君。”这首诗到底好在哪里？我年轻时就曾在内心质疑过。觉得不过是几句大白话，如果不是大诗人杜甫写的，而是张三、李四、王二麻子写的，还能那么出名吗？

但现在想明白了，文艺创作，与科学发现不同。一项科学发现，离开发现者本身，依然有价值。所以我们知道很多科学定理、定律，却不一定需要知道它们是谁发明或发现的。但文艺作品，却往往不能离开创作者本人的性格经历以及时代背景，人们在欣赏它们、解读它们时，一定要把作品放在当时的时代背景下，结合创作者的个人生平、经历、思想、个性等，才能全面准确地理解其价值和意义。可以说，文艺作品的价值不仅仅由作品本身来体现，还与作者和时代密切关联，作者本人以及时代背景也构成作品价值和意义的一部分，作者、时代、作品，它们是三位一体、不可分离的。如果离开了作者和时代，单看作品，我们未必能准确全面地理解它们。不仅如此，还应该加上我们这些读者或观众。也就是说，文艺作品的价值，是由作品本身、作者、时代和作品鉴赏者四方共同决定的。

比如杜甫的这首《江南逢李龟年》，当我年岁渐长，了解了这首诗后面的故事，并有了许多人生阅历之后才知道，原来这首诗是真好！正应了那句“看似平常最奇崛，成如容易却艰辛”的古训。其中滋味，非过来人不知。

回到毕加索的这件“牛头”来。首先，这件作品本身确有创意。将一件大多数人熟视无睹的平常之物——旧自行车的坐凳和把手，独具慧眼地那么一拼，挂在墙上，结合灯光投下的阴影，就构成一幅惟妙惟肖的“牛头”写意画，的确了不起！但让它那么名闻遐迩的还不仅仅是这些。如果不是因为希腊神话中有关于牛头怪的传说，如果不是因为牛在西班牙具有特殊的文化意义(想想西班牙的斗牛节，牛在西班牙可能类似于中国的龙)；又如果不是毕加索本人特别喜欢画公牛，曾经为画一头公牛十一易其稿，这幅牛头作品就不会有那么丰富的文化内涵。

其实，毕加索并不是所有的创作都成功的，也有很多失败之作。他还创作过与牛头同类的现成品雕塑作品，但都不如这幅“牛头”出名。可见并不是只要是毕加索创作的，不管好坏都能出名。

最后我们可以给出答案，一件文艺作品是否有价值，要由作品、作者、时代背景和欣赏作品的人们(包括他们的人生阅历、审美经验、所处时代的观念等)共同决定。而往往不是由单一因素所决定的。

视频资源

创新思维训练课程介绍

学生创意自我介绍

学习心得

课后练习

一、单选题

1. 下面关于创新的描述中，哪一个是正确的？（　　）

A. 创新就是发明一个全新的事物

B. 创新必须在拥有丰富知识的基础上才能进行

C. 将两件平常的事物进行重组也可能是一种创新

D. 创造出来的东西必须有实用价值才算真正的创新

2. 有人按照衣夹的样子，用金属材料制作了一个巨大的“衣夹”，竖立在一座大厦的前面，你认为这是不是一种创新？（　　）

A. 不是，衣夹是晒衣时用的，放在大厦前面算怎么回事？

B. 不是，它仅仅是将衣夹放大了很多倍，算不上创新

C. 是的，因为它是艺术家做的，就是创新

D. 是的，因为它与众不同，而且颇具视觉冲击力，有欣赏价值

3. 创新思维有哪些基本特征？（　　）

A. 流畅性、多向性、变通性　　B. 流畅性、变通性、自觉性

C. 独立性、流畅性、变通性　　D. 流畅性、变通性、独特性

4. 关于创新思维与常规思维的描述，哪项是错误的？（　　）

A. 常规思维通常采用逻辑、推理、分析等方式进行

B. 创新思维常常依赖直觉、顿悟、灵感和想象

C. 创新思维比常规思维失误要少

D. 创新思维常常会带来质的飞跃

5. 知识与创新的关系，下列哪一项是正确的？（　　）

A. 知识越多越有利于创新　　B. 知识较少对创新越有利

C. 知识多少与创新无关　　D. 知识对创新是一把双刃剑

6. 有研究发现，年龄与创造力的关系是：（　　）。

A. 随着年龄的增长，创造力急剧下降　　B. 随着年龄的增长，创造力逐渐上升

C. 创造力不会随年龄的变化而变化　　D. 创造力与年龄呈倒“U”型曲线关系

7. 有人说“学校扼杀创造力”，主要是指学校教育（　　）。

A. 强调统一化培养目标和标准化评价体系，压缩学生个性化发展空间

B. 教学内容紧紧围绕教材与大纲，让学生思维和眼界受限，容易产生权威型心智模式

C. 题海战术和应试教育让学生失去好奇心和对学习的兴趣

D. 以上都有

二、判断题(请在下面的句子后面的括号内打√或打×)

1. 中小学生主要是学习基础知识，无须培养创新思维，只有大学生甚至研究生才需要进行创新思维训练。（　　）

2. 创新思维只是少数尖端人才有需要，对大多数普通人来说并不需要。（　　）

3. 人人都有创造力，只不过有些人没有表现出来，有些人表现出来了而已。(　　)
4. 未来属于拥有与众不同思维的人。(　　)
5. 学历与创造力呈正相关关系。(　　)
6. 适度的竞争对激发创造力有利。(　　)

三、思考题

1. 说道“创新”，你会联想到哪些词？请在纸上把它们写下来。
2. 用八根火柴拼成两个正方形，如果让你只移动其中两根火柴，能否变成一个正方形？
3. 白纸正中有一个大圆，如果请你再画一个黑点，你会画在哪里？
4. 想想看，你身边有哪些创新的人和事？你自己做过哪些有创意的事情？

教师指引参考

一、教学目标

1. 掌握创新、创新思维等基本概念。
2. 了解创新的价值和意义。
3. 了解创新意识的重要性。
4. 产生强烈的求新求异的愿望。
5. 对后续课程学习产生期待。

二、教学要点

1. 课程介绍。首次课上教师应对本门课程的教学目标、教学内容、学习要求、课程进度、评价方式等向同学们做详细介绍，使同学们对课程有全面的了解。

2. 课程回顾。如果不是第一次开课，可向同学们展示以往学生创意作品或教学成果。

3. 自我介绍与分组。教师可先向学生做创意自我介绍，然后让学生互相进行创意自我介绍，并在相互了解的基础上建立学习小组。

4. 知识介绍。首次课可讲授或补充讲授“什么是创新”“什么是创新思维”等方面的内容，帮助学生初步树立创新意识等。

5. 答疑解惑。对学生提出的与课程相关的问题进行解答，让学生对本课程产生兴趣和抱有期待。

三、教学时长

2 学时

四、教学方式

课堂教学

五、教学建议

1. 创意自我介绍

创意自我介绍可作为本课程的第一个课堂练习，其目的是让同学们彼此熟悉起来，便于分组，并为以后的课程学习营造气氛和做好准备。

创意自我介绍既可以在本次课中完成，也可放在下次课上，根据时间和需要而定。做法通常是这样的：教师先自我介绍，再请同学互相自我介绍。自我介绍要求有创意，让别人一下就记住你，对你印象深刻。例如可以按下列步骤引导学生进行自我介绍：

(1) 请同学们将自己的手掌形状描绘在一张白纸上，然后在五指上分别写下一个关键词，将自己比作某个动物、植物或物品；

(2) 向邻座(前后左右均可)的同学作自我介绍，同时记下对方的自我介绍内容，然后再向坐在另一边的同学介绍自己刚认识的同学；

(3) 挑选几个最有创意的同学向全班同学做自我介绍。

教师应该事先准备好白纸，以备学生需要。也可将创意自我介绍作为课后作业布置给学生，要求大家课后准备好自我介绍的图文，下次上课时带来。这样做学生通常有时间充分准备，效果会更好一些。

2. 学生分组

学生分组可以在本次课中进行，也可以在稍后一点的课中进行。可以进行一次，也可进行多次。学生分组也应体现创意。比如，在创意自我介绍之后，即可让坐在附近的同学组成小组，并选出组长，设计小组的名称、Logo、口号等，还可请小组代表上讲台表决心或展示小组创意，自我介绍作品，以活跃课堂气氛。

有时为了快速随机分组，可以采用成语分组法或诗歌分组法。即选择一组与班级人数相当的成语或诗歌作为分组的媒介，教师和助教事先将成语或诗歌中的每个字写在便签纸上，在学生进课堂时随机分发给学生，然后把成语或诗歌在黑板或屏幕上展示出来，要求大家按照成语或诗歌的顺序就座，每一组成语或一行诗句，即构成一组。图 1.3 是某次我的分组情况与座位安排。

创意分组

- 一帆风顺、二龙戏珠、三羊开泰、四海为家、五谷丰登、六六大顺、七色彩虹、八面威风、九五之尊、十全十美
- 成千上万、万众一心、心直口快、快人快语、语重心长、长治久安、安步当车、车水马龙、龙腾虎跃、跃然纸上
- 才高八斗、斗转星移、移山倒海、海外奇谈、谈笑风生

图 1.3　成语创意分组

分组还可以有很多其他的方法。比如可以采取让学生自愿分组的方法。为了保证组内成员的多样性，可以提出一些要求，例如：

(1) 必须有一个原来不认识的人；

(2) 必须有不同性别的人；

(3) 必须有不同专业(或年级)的人；

(4) ……

又如让同月出生的人组成一组，等等。

3. 热身活动

正式授课之前，教师可先让同学们做一个热身活动。热身活动的意义在于：

(1) 将学生的注意力慢慢收拢到课程的学习中来；

(2) 让同学们自然地坐到合适的位置上；

(3) 使同学们尽快地熟悉起来、热络起来，为后续的课程教学坐好铺垫；

(4) 将同学们自然地引入到正式课程。

前面介绍的创意自我介绍和分组活动，可视为热身活动的一种。此外，还可以采用以下一些思维游戏的方式进行热身。

1）热身游戏一

用八根火柴拼成两个正方形，如果让你只移动其中两根火柴，能否变成一个正方形？

这个游戏不像初看起来那么简单，要求让每一根火柴都发挥作用。

2）热身游戏二

用四根火柴，摆出一个垃圾铲形状，中间放点小纸屑（左图）。请思考，如何通过移动两根火柴，将小纸屑倒在铲子之外？

3）热身游戏三

在一张白纸上有一个圆（右图），如果请你画一个黑点，你会画在哪里？

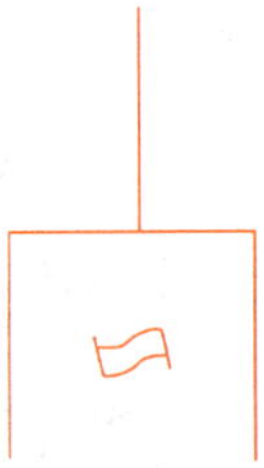

这个游戏类似于一个小小的心理投射试验，可以测试一个人的创造力。

4）热身游戏四

诗歌朗诵，例如郭沫若的《天狗》。

“我是一条天狗呀！我把月来吞了，我把日来吞了，

我把一切的星球来吞了，我把全宇宙来吞了。我便是我了！……”

可以先要求一位男同学、一位女同学上台朗诵，然后请大家全体起立，在一个领诵人带领下集体朗诵。这个游戏可以迅速将课堂气氛带至高潮。

此外，还可以有更多的热身游戏方法，如播放电影片段，例如美国电影《死亡诗社》中的撕书片段；或者做一下创造力测试等。采用何种热身游戏要根据具体情境和需要而定。

4. 内容讲授

第一次课可以适当讲授教学内容，或补充视频和教材中没有的内容。但时间不宜太长，也不宜采用机械灌输的方式。可以通过一些互动让同学们掌握教学内容。例如介绍“什么是创新”时，可以让同学们联想与创新相关的形容词，或者用“创新”作为关键词在网上搜索图片，通过对图片的分析引出创新的内涵和意义等。课堂上还应留出时间让同学们自由发言和提问。

第2章　心智模式与心智枷锁

【本章要点】

1. 什么是心智模式？什么是心智枷锁？
2. 心智模式有哪些基本特征？
3. 心智模式是如何形成的？
4. 有哪些常见的心智模式？
5. 心智模式与创新思维的关系。

2.1　心智模式

心智模式（Mental Model）这一概念，最早由英国心理学家肯尼思·克雷克（Kenneth Craik）（1943年）在其著作《The Nature of Explanation》一书中提出。在心理学领域，心智模式被定义为基于个体经验和知识，大脑所获取的认知框架，可用于预测和解释人们思维和行动的心理机制。

彼得·圣吉（1990年）在其著作《第五项修炼》中，将心智模式的概念引入到管理科学中，使这一概念更加广为人知。彼得·圣吉认为，心智模式是一个组织中，个体头脑中的"简化假设"，即植根于人们心中的概念化的"假设、定性观念和印象"，人们在此基础上认识世界和了解世界。

通俗地说，心智模式就是人们看世界想问题的习惯性思路和方法，是一种基本固定的思维方式，是一种定式思维。心智模式使人们将自己的既定推论视为一个事实前提（信念），形成有目的性的做事愿望（意志），最终导致一个新的行为。

人类的大脑并不是一张白纸，而是一出生时就带有一个思维"模型"（如神经类型、神经元回路等），它对外界的观察和认识都受这个"模型"的影响。当然这个"模型"会因为后天环境、教育、经验的影响而被不断修改。它影响到我们对外界的认识与思考，我们会通过这个"模型"提供的框架来解释世界。这个模型决定了我们如何选择信息、加工信息和解释信息，并可以预测我们可能采取的行动。

2.2　心智枷锁

心智模式是一把双刃剑，既有有利的一面，又有不利的一面。当我们用来解释世界的这个“模型”，与某个具体事物的本质和运动变化规律是一致的时候，它是有利的，可以使我们只需获得一些初始的信息，就能迅速对该事物的本质和运动变化规律做出正确的判断，从而采取正确的行动；当它与某个具体事物的本质和运动变化规律不一致的时候，却会引导我们对事物的本质和运动变化规律做出错误的判断，并做出错误的决策。此时，心智模式就变成妨碍我们正确认识世界的心智枷锁。

心智模式变成心智枷锁可分为两种情况：一种情况是，某个事物的运动变化规律过去一直与我们的心智模式相吻合，后来随着时间的推移或环境的变化，事物发生了变化，但我们并没有察觉和意识到，仍然坚持用过去的心智模式去解释和预测它；第二种情况是某类事物的运动变化分为大概率和小概率两种情况，心智模式一般都是从大概率角度去解释和预测的，当遇到小概率情形时就成为心智枷锁。

2.3 心智模式的基本特征

心智模式深植于我们的心理和思维之中，平时我们不易察觉，非常隐秘，所以当它变成心智枷锁，妨碍我们做出正确解释和预测时，我们自己很难意识得到根源所在，隐秘性是它的第一个基本特征。

心智模式的另一个基本特征是自我验证性。心智模式让我们对外界的信息进行筛选，并做出解释。当外界的信息通过感官进入我们的大脑时，我们会选择接受那些跟我们的心智模式相对一致的信息，而排斥那些跟我们的心智模式不太一致的信息，以使我们对事物的解释和预测符合我们原有的心理“模型”；当外界的信息明显与我们的心智模式不一致时，我们也会对这些信息进行有利于自己的曲解，使它们看上去仍然符合原有的“模型”。这就是心智模式的自我验证性。自我验证性使得一个人的心智模式非常顽固，不容易改变。

2.4 心智模式的形成

心智模式的形成既有先天因素，也受后天影响。先天因素指的是我们从遗传所获得的大脑神经类型，如神经元的种类、数量和连接方式等。大脑神经网络是人类对信息加工处理的物质基础，数以亿万计的神经元构成了错综复杂的网络回路，信息在其流动过程中被加工处理。每个人的大脑神经网络都是独一无二的，因此对信息的加工处理也是独一无二的。有些人的神经元回路可能多一些、复杂一些，有些人可能少一些、简单一些；有些神经元回路活跃一些、强势一些，有些神经元回路沉寂一些、弱势一些。以上这些可能表现为有些人思维比较多变，有些人则相对单一，有些人思维比较迅速，有些人则比较缓慢。大脑神经类型构成了心智模式形成的先天基础。

但大脑神经元之间的连接并不是一成不变的，而是有一定的可塑性。由于后天的影响，旧的连接可能弱化乃至消失，新的连接可能产生或强化，从而形成新的神经元回路。

后天的影响因素包括日常的经验、所受的教育和环境的变化等。人类出生之后，成长过程中不断与外界事物相互作用，逐渐形成日常生活经验，这些经验强化了某些神经元联系，弱化了另一些神经元联系，从而对先天的“模型”不断进行修改与完善。教育也是影响心智模式的重要因素之一，不同的教育会产生不同的心智模式。例如如果教育中过度强调对权威和书本的崇拜，就可能形成权威型心智模式；教育中强调质疑与批判性思维，就可形成有利于创新的心智模式。环境的变化也可影响心智模式的形成，例如不同的国家、不同的地区、不同的文化可以导致不同的心智模式。

2.5 常见的心智模式

如果从心智模式成因方面来探讨，可以发现不同的因素产生不同的心智模式。例如不恰当的教育往往会给人们造成不同的心智模式。如权威的崇拜，这种心智模式让人们觉得权威说的都是对的，教科书和科学著作里面的内容是不容置疑的；标准答案，长期的做题训练会让学生以为，凡事都有一个正确答案，且只有一个正确答案；实事求是，这本来是一个好的品质，但过于务实，任何事情都不敢大胆想象，异想天开，则不利于创新；遵守规则，这也是一个优良品质，但如果原来制订规则的理由已不复存在，还无条件地墨守成规，就会变成心智枷锁；玩物丧志，这也是教育灌输给我们的“正确观念”，但事实上很多创新创造都是从游戏和玩乐中诞生的；强调逻辑，教育中常常注重对学生的硬性思维训练，如形式逻辑等，却比较忽视软性思维训练，如想象、类比、联想、灵感、直觉、顿悟等，这也会让学生形成硬思维型的心智模式；不要模棱两可，学术研究要求清晰界定目标和概念，这也可能让我们形成某种定式思维，排斥模糊的问题，但生活中很多目标刚开始是并不清晰的，有时必要的模棱两可对于激发新创意是有益的。

日常生活经验也会产生一些常见的心智模式，如从众思维，生活经验告诉我们，随大流往往是比较安全的；如果逆潮流而动，则会付出代价，成为众人心中的“傻子”；犯错是坏事，生活中犯错常常会引起别人的白眼和批评，受到不同程度的惩罚，从而让人们害怕犯错，不敢冒险，形成凡事谨小慎微的心智模式；我没有创造力，生活中遇到的挫折较多，或者学习、工作一段时间不顺利，会让我们失去对自己的信心，尤其是创造力方面的信心；有时我们在某个领域里取得一系列成功，成为该领域的专家，也可能产生专家型心智模式，希望延续以前的成功模式，从而往往看不到外行或半个内行都能看出的问题，等等。

还有些心智模式是环境和文化造成的。改革开放之初，我们发现自己的国家比西方发达国家落后，产生了一切向西方学习的心态，一些人逐渐形成“外国人就是比我们强”的心智模式。以至于直到今天，即使中国在很多方面都迅速赶上西方，甚至部分领域已超越西方，但很多人对西方的崇拜和恐惧心理仍然根深蒂固，表现在很多方面不敢跳出西方话语和思想体系，独立创造中国自己的话语与思想体系。中国在硬实力和综合国力取得长足进步的基础上，没有发展出与之相匹配的软实力，也与国人还没有真正摆脱认为外国人比自己聪明、西方文明比中华文明优越的心智模式有关。事实上，从历史长河来看，中华文明在大多数时候都领先于世界，或至少与其他文明齐头并进。只是在近代工业革命兴起之后，才因为错失机会而落后于西方，现在又在很短时间内追赶了上来。文明是历史、时代和地理等因素的产物，不同文明各有优势和劣势，没有一种文明天生就比另一种文明优越。西方文明之所以在工业革命兴起之后一度领先于东方文明，是因为这种文明恰好符合了那个时代的需要。文明的兴衰是一种自然现象，没有一种文明在任何历史阶段都能永远保持领先地位，那种西方现代文明代表“历史的终结”的说法，并不科学。事实上，历史永远不会终结。盛极必衰、物极必反，这是宇宙间的普遍规律。进入信息和智能时代之后，哪种文明更有优势，还需要经过时间的检验。

心理学研究发现，人类有一种认知了结需要(need for cognitive closure)，简称了结需要，其定义为：为某一特定问题找到确定答案、结束模糊和混沌状况的需要。了结需要也是一种常见的心智模式，它既有好的一面，例如能提高我们的办事效率；也有不好的一面，就是让人们容易接受片面信息，在尚未获得足够充分信息前就急于下结论，从而成为妨碍创新思维的心智枷锁。一个有高了结需要的个体会偏向秩序和可预测性，不喜欢模糊，他们的思维具有决定性倾向，比较封闭，不太愿意接受新事物。

2.6 心智模式与创新思维的关系

从前面的介绍中可以清晰地看出，心智模式与创新思维的关系也是双重的。如果我们有一个开放的、灵活的创新型心智模式，对于创新思维是有利的；如果我们的心智模式是顽固的、保守的、封闭的，与事物的发展变化规律是不符合的，就成为妨碍创新思维的心智枷锁。妨碍创新思维的根本原因就是顽固不变的思维定式和心智枷锁。

举例来说，权威型心智模式，会让我们盲目相信专家或权威者的话，或教科书和经典著作中的内容，不敢提出质疑和批判，而很多新思维正是从质疑和批判开始的。又比如说，很多问题并不是只有一个所谓的“正确答案”，而可能有第二个、第三个正确答案。创新往往需要经历一段模糊思维过程，过高的了结需要会中断模糊思维，让人们不再寻找新的信息，过早地下结论，导致误判。有时候激发创造力需要大胆想象、异想天开、打破规则、软性思维；甚至需要独立思考，敢于挑战多数人观点；或者采取游戏心态，敢于冒险，从犯错中寻找机会。提高创新思维能力首先要有自信，自信是创新的第一步，中国人有能力做出属于自己的发明创造。

课外阅读

智能机器人也有“心智模式”

智能机器人越来越聪明了，未来机器人有没有创造力？这个问题很多人都很关心。

从创新思维原理来说，妨碍创造力的主要因素是心智枷锁。心智枷锁是不恰当的心智模式。那么，智能机器人有没有“心智模式”呢？答案是有。智能机器人是靠大数据和智能算法来“思考”的，智能算法是人类工程师赋予它们的，智能算法就是智能机器人的“心智模式”。而且这种“心智模式”比人类更加顽固，一旦被工程师设定就很难改变。对人类来说，每个人的心智模式都不是完全相同的，而机器的“心智模式”则几乎一模一样。除非人类工程师能为机器人提供具有可塑性的智能算法，也就是说智能机器人能自动修改自己的程序，否则智能机器人就不可能具有创造力。

那么，怎样看待现在智能机器人作诗、作曲、作画现象呢？

文艺创作是最需要创造力的领域之一。现在，智能机器人也能够写诗、作曲、作画，是否意味着智能机器人也具有了像人类一样的创造力呢？这个问题值得仔细辨析一番。

中央电视台有一档《机智过人》节目。在这个节目中，机器人诗人小冰就战胜了由人类的三位年轻诗人组成的诗人联盟，事情的经过是这样的：

机器人诗人小冰是由微软公司开发出来的会聊天会写诗的机器人，据说它学习了1920年以来519位中国现代诗人的作品后，开始了自己的诗歌创作。它的绝招是看图作诗，给它看任何一张图片，它就能在短短的几秒到几十秒时间内创作出一首像模像样的"诗"来。它曾经隐瞒自己的真实身份，以少女诗人小冰的名义在互联网与报刊上发表诗歌，蒙过了很多人。不仅创作了上百万首"诗歌"，还出版了自己的第一本诗集《阳光失去了玻璃窗》。

在《机智过人》节目中，小冰和三位青年诗人分别根据一张图片现场创作诗歌，然后由现场观众投票选出自己喜爱的诗，得票最低的诗歌作者将被淘汰。如果小冰能够在两轮的比赛中免于淘汰，就算它挑战成功了。

第一轮比想象力。要求小冰和三位人类诗人根据同一幅图片作诗。图片就是由嘉宾提供的一张洒满水印的黄纸，本身没有什么意思，就看你如何想象了。三位诗人和小冰的诗被打乱后一一展示。结果第一轮观众投票中，一位青年诗人的诗被淘汰了，机器人小冰顺利过关。

第二轮比感染力。图片是一位女演员下乡支教时与贫困地区孩子们在一起的照片。结果机器人小冰又一次免于淘汰，从而挑战人类诗人成功。

虽然机器诗人在比赛中挑战人类诗人成功，但并不能证明机器人就有创造力。首先，创新最主要的特点是新颖，也就是与众不同，而不仅仅是有多少人喜欢。例如有些电视剧有很多人爱看，因为它迎合了一些人的口味，你可以说它有价值，但并不意味着有多少创新。其次，这类人机比赛，大都是采用图灵测试原理，然而，在创新方面，图灵测试的原理是不适用的。

图灵测试(Turing test，又称"图灵判断")，是阿兰·图灵于1950年提出的一个关于判断机器是否能够思考的著名试验，用以测试某机器是否能表现出与人等价或无法区分的智能。具体做法是测试人在与被测试者(一个人和一台机器)隔开的情况下，通过一些装置(如键盘)向被测试者随意提问。问过一些问题后，如果被测试者超过30%的答复不能使测试人确认出哪个是人、哪个是机器的回答，那么这台机器就通过了测试，并被认为具有人类智能。《机智过人》节目就是借鉴了图灵测试的原理。这些节目确实证明了机器人可以像人类一样进行常规思维，但不能证明机器人也可以像人类一样进行超常思维(即创新思维)。

人类在学习文艺创作时是从模仿开始的。古语说：熟读唐诗三百首，不会写来也会吟。有很多有一定文化素养的人都能够吟诗作对，他们确实是"创作"了一首首新的诗词，但却并不意味着他们创作了"新颖独特的"诗歌作品，真正的"新颖独特的"诗歌作品必须具有鲜明的个性风格，同时还能打动人心。不是你写出了一首诗，就能称得上创新，你必须写出有个性风格且脍炙人口的诗，才叫作创新。创新，首先就是要与众不同。诗歌的与众不同，不仅仅表现在文字的排列组合上，更重要的是要表现在风格意境上。真正优秀诗人的作品，一看就知道是谁写的。比如惠特曼、狄金森、弗罗斯特的诗，即使你不注明作者的名字也能看得出来；鲁迅当年发表文章时常常采用多个笔名，但很多熟悉他的个性风格的人一眼就能够看得出来。

因此，要测试机器人有没有创新能力，光靠图灵测试是不够的。图灵测试只能测出机器人的模仿能力而不是创新能力。通过了图灵测试只能说明机器人已经通过模仿学习，掌握了常规的吟诗作对能力，能够创作出与人类“相像”的诗歌，能够挑战人类平庸的诗人。但离创造出新的诗歌风格与诗歌类型还相差甚远。要测试创造力，应该采用“反图灵测试”，即在一组诗歌中，让人能够一眼识别出哪一首是某个机器人所作的，而且还必须同时是被人喜爱的。为什么小冰创作了上百万首诗歌，却没有被读者认出来，没有形成自己独特的风格，甚至没有一首成为脍炙人口的诗作？这恰恰说明小冰还缺乏创造力。而人类优秀诗人一生只能创作数十到数千首诗歌，却可能留下一长串大家所熟知的作品，这才是真正的创造力。

人类的创造力不仅仅表现在对文字、线条或音符的排列组合上，更体现在表达内心情感上。人类创作的动机源自抒发情感、表达思想与价值观的需要，即所谓表情达意。人类创作诗歌未必需要通过观察一幅图画才能进行，只要心有所感即可；而机器人小冰则必须借助观看一幅图画(外因驱动)才能吟诗作对或作词作曲。人类不仅可以触景生情，也可以借景抒情。即使没有外界的激发因素，也能通过想象将内心的情感思想用文字和形象表达出来。但机器人小冰就做不到，因为它没有内源性的思考，也没有任何情感，一切都需要依赖外界的刺激。它的所谓“创作”，其实只是针对外界刺激所做出的基于某种算法的、有一定智能的反应而已。如果给小冰看同一幅画，它只能做出大同小异的诗，即使有变化也只体现在对文字的选择和排列组合上；而人类在不同的时候看同一幅画面，可以产生完全不同的感受。而且这种感受是真实的、符合内心逻辑的、能够打动他人的；不像机器人做的诗那样，常常出现不合逻辑、无厘头、不知所云、情感意境支离破碎等现象。

由此可引申出一个测试作品是否具有创新性的方法：如果一件被独立制作(无论是自然人独立制作的，还是机器人独立制作的)的作品(包括实物作品、文字符号作品、数字作品和行为作品等)，能够让一群测试者在不知情的情况下，在与同类作品的比较中，判定为新颖或与众不同，同时又具有价值(包括实用价值与非实用价值，如情感价值、精神价值、审美价值等)，那么，这件作品就具有创新性。测试者的人数越多，测试的次数越多，比较的范围越大，测试的可靠性就越高。这一测试可命名为“竹立测试”。

在机器人没有通过“竹立测试”之前，说机器人已具备与人类相匹敌的创新创造能力，恐怕还为时过早。什么时候智能机器人在没有人的参与和帮助下，独立创作出新颖独特、脍炙人口的诗歌或广为流传、深受喜爱的艺术，才可以认为已真正具有了创造力。

学 习 心 得

课后练习

一、单选题

1. 阻碍我们创新的根本原因是(　　)。
A. 知识储备不足　　B. 心智模式
C. 思维定势　　D. 心智枷锁

2. 要想成为有创造力的人，最关键的是(　　)。
A. 打好知识基础　　B. 发现自己的不足并加以弥补
C. 提高逻辑思维能力　　D. 突破定势思维

3. 关于心智模式的描述，下列哪一项是错误的？(　　)
A. 心智模式是一种思维定式　　B. 心智模式不利于创新
C. 心智模式决定如何选择与加工信息　　D. 心智模式能预测可能采取的行动

4. 影响心智模式形成的因素有(　　)。
A. 遗传　　B. 经验
C. 环境和教育　　D. 以上都是

5. 下列哪些也可成为心智枷锁？(　　)
A. 权威崇拜　　B. 实事求是
C. 遵守规则　　D. 以上都是

6. 对于创新而言，下列哪项是有利的？(　　)
A. 游戏心态　　B. 从众思维
C. 谨慎小心　　D. 成功经验

7. 关于了结需要的描述，哪一项是错误的？(　　)
A. 了结需要越高的人越容易创新
B. 了结需要是指我们总希望尽快对某一问题下结论，而不能忍受暂时的模糊和混沌状况
C. 了结需要是一种心智枷锁
D. 了结需要让我们倾向于接受单方面信息

二、判断题(请在下面的句子后面的括号内打√或打×)

1. 心智模式很容易发生改变。(　　)
2. 有时候，实事求是也会成为一种心智枷锁。(　　)
3. 异想天开的人都是不靠谱的。(　　)
4. 知识与以往的成功经验也可能变成心智枷锁。(　　)
5. 内行的创造力一定强于外行。(　　)
6. 心智枷锁容易被发现。(　　)
7. 一个问题不可能同时有两个正确答案。(　　)
8. 模糊思维对创新不利。(　　)

三、思考题

1. 请尝试回答下面两个故事中的问题，并思考在这两个故事中，妨碍我们找到最佳答案的思维定势是什么？

故事一：在一个荒无人迹的河边停着一只小船，小船只能容纳一个人。两个人同时来到河边，两个人都乘这只船过了河。请问他们是怎样过河的？

故事二：公安局长在茶馆里与一位老头下棋。正下得难分难解之际，一个孩子急急忙忙跑了进来，对公安局长说：“你爸爸和我爸爸吵起来了。”老头问：“这孩子是你什么人？”公安局长回答：“是我儿子”。请问，那两个吵架的人与公安局长是什么关系？

2. 以下是用火柴拼成的一个错误等式，请移动1根火柴，让这个等式能够成立。(可以有2个以上的答案)

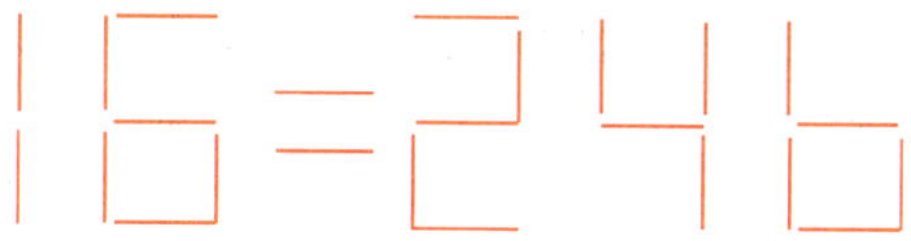

3. 你自己有哪些心智模式？

教师指引参考

一、教学目标

1. 掌握心智模式与心智枷锁的概念。
2. 了解心智枷锁是妨碍创新思维最根本的原因。
3. 熟悉影响心智模式形成的主要因素。
4. 反思自己的常见心智模式。
5. 初步形成创新思维意识与习惯。

二、教学建议

本章内容对应于慕课第二、第三讲内容，可在第二次课堂教学时通过下列一些有趣的问题和思维游戏，让同学们有初步了解。由于第二次课时学生还刚刚进入本课程的学习不久，还不宜立即开展在线学习，因此教师可以适当采用讲授和练习的方式，让学生对此有所了解，但不宜与慕课视频第二、三讲的内容重复，以免影响学生在线学习的兴趣。

1. 启发式讲授

故事一：在一个荒无人迹的河边停着一只小船，小船只能容纳一个人。两个人同时来到河边，两个人都乘这只船过了河。请问他们是怎样过河的？

教师可先向学生展示这个问题，让学生思考并回答。再指出学生思维的误区，说明这就是心智枷锁所在，引导同学们找到正确答案。

故事二：公安局长在茶馆里与一位老头下棋。正下得难分难解之际，一个孩子急急忙忙跑了进来，对公安局长说："你爸爸和我爸爸吵起来了。"老头问："这孩子是你什么人？"公安局长回答："是我儿子"。请问，那两个吵架的人与公安局长是什么关系？

方法同上。

教师可通过这两个故事，启发学生认识到思维定式是如何妨碍我们产生新思想，从而找到问题的解决办法的。

2. 颠倒绘画

给学生发一张白纸，让学生对一幅人的头像进行素描。先让学生对着一幅正立的头像进行素描，再让学生对着倒立的头像素描，即将原来的头像旋转 180 度，让学生根据这个倒着的头像绘画。

这个实验有利于打破我们对常见事物的思维定式。我们平常都是从正立的视角看人的，头脑中会形成一些先入为主的"定式"，在绘画过程中会不知不觉地将这种定式融入画中。比如我们画人的面部时，一般会先画脸的轮廓，然后从上到下画头发、眉毛、眼睛、鼻子、嘴唇、下巴等。如果忽然让我们反过来画人的头像，会因为视角的改变而变得不知所措。这时，原来在大脑中占优势的那部分脑区（如左脑）的活动受到抑制，而另一部分原来被抑制的脑区（如右脑）的活动活跃起来。原来的定式思维不管用了，我们不得不认真观察这幅倒着的人像，小心翼翼又极不习惯地先从下巴画起，然后再画嘴唇、鼻子、眼睛、眉毛、头发。

教师可根据课堂时间，决定绘画的方法。如果时间较紧，可将全班同学随机分为两大组，一组画正像，一组画反像。然后把绘画打乱，让学生从中挑选出那些画得更好更像的绘画，看看属于哪组的画更多一些。

如果时间较充裕，则可让每个同学都既画正像，也画反像，最后进行自身对比，并让同学们交流这两种画法的心理感受。

3. 反思心智模式

让学生反思自己的心智模式是一件有意义的事情。学生通过深度内省，会发现以前所没有注意到的思维定式（例如对某些人和事一成不变的、固定的看法，先入为主的成见，处理某些事时的习惯做法等），从而改善自己的思维与行动。教师应对此给予适当的点评与鼓励。

教师可启发学生通过思考下列问题，发现自己的心智模式：

(1) 你思考问题时有哪些常见习惯与方式？

(2) 你有没有发现生活中有哪些事情的结果跟你原来的想象不符？你预测或判断错误的原因是什么？你当时是怎么解释导致误判的原因的？现在有没有新的解释？

(3) 你向小组内其他人谈论对某人或某事的看法，然后认真倾听别人对你的看法的评价，看看有什么不同，并反思是什么导致了这种不同。

(4) 向你一贯认为天经地义的事情提出质疑和挑战，看看这种质疑和挑战会带来什么结果或新的视角。

(5) 把你发现的思维定式分享给大家。

第3章　思维导图及其创新应用

【本章要点】

1. 思维导图有哪几种组成要素？
2. 思维导图的基本绘制方法；
3. 思维导图与创新思维的关系；
4. 思维导图的创新用途。

3.1 思维导图的诞生

思维导图(Mind Map)又称为脑图、心智图等，最初是英国心理学家东尼·博赞(Tony Buzan)在20世纪60年代发明的一种笔记方法，后来逐渐演变为一种可视化的思维工具，在各行各业得到广泛的应用。

东尼·博赞(1942—2019年)，英国伦敦人，毕业于美国哥伦比亚大学，拥有心理学、语言学和数学多种学位，是世界记忆锦标赛的创始人和英国头脑基金会的总裁。同时，他还是运动员、奥林匹克教练员、政府和企业顾问、畅销书作家。一生出版了80多本书刊，被称为“世界记忆之父”和“大脑先生”(Mr. Brain)。

学生时代的东尼·博赞是个“很会做笔记的人”，经常用笔在画着线条的纸上工工整整地做着笔记，这个习惯一直保留到大学。然而，令他苦恼的是，他的学习成绩却不断下降。他开始研究天才人物的记笔记的方法，像达芬奇、达尔文、伊丽莎白一世、毕加索等。他发现，他们都爱用图形、涂鸦的方式记笔记，做的笔记都是“乱糟糟的”。经过反复试验，他终于发明了用放射状分支和彩色线条连接关键词、图形图像记笔记的方法，这就是后来的思维导图。

3.2 思维导图的组成要素

思维导图是一种由中心主题出发向四周放射状分布的可视化思维工具(在计算机思维导图作图软件上，也可将放射状图形转变为向左、右、上、下区间分布的图形，或者鱼骨状图形)。它由几个基本要素构成(见图3.1)。

(1) 中心主题。一般画在图形的正中位置，是思维的起点或出发点。

(2) 分支(或线条)。围绕中心主题，向四周做放射状逐级展开，分为一级分支、二级分支……N级分支。每一个分支代表一个思考方向或类别，分支越多，表示思考方向或类别越多；每级分支代表一个层级，不同层级分支之间可表示逻辑或隶属关系。分支的层级越多(分支总长度越长)，表示向某个方向的思考越深，或者分类越细。换一句话说，就是分支的数目代表思维的广度，分支的长度代表思维的深度。

(3) 关键词。每一级分支上可有一个关键词。关键词代表对某个具体内容的抽象和概括。关键词越精准，代表思维的抽象概括能力越强，因此一般应尽可能采用词或词组，而不宜用短语或句子。同一级分支上的关键词应处于同一层次或分类体系。

(4) 联系线(或关联)。在不同方向分支之间可用虚线代表不同分支中的关键词之间的横向联系。与分支层级之间的纵向联系不同，联系线主要反映关键词之间内在的、非层级的关系。有时还可用括号表示不同方向分支之间的特殊关系(在有些绘图软件中被称为“绑定”)。

(5) 颜色与图形。不同的分支可用不同的颜色表示，关键词可用图形图像代替，或者关键词与图形图像并用。颜色和图形有利于加深大脑的记忆，激发右脑思维。思维导图可以全部采用文字表示，也可全部采用图形图像表示，但更多的时候是图文并茂的。

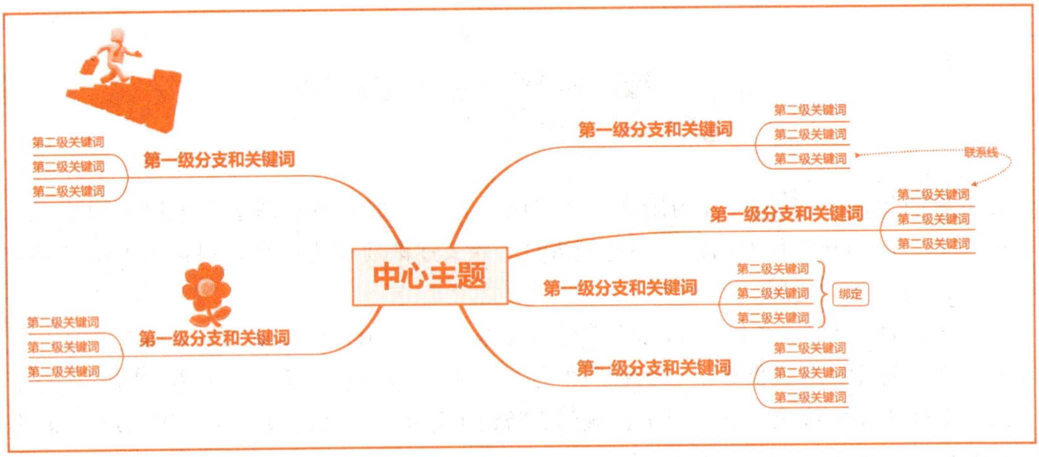

图 3.1 思维导图基本组成要素

3.3 思维导图的基本绘制方法

思维导图有手绘与机绘两种绘制方法。手绘是用彩色铅笔在白纸上绘制。绘制步骤如下：

1. 手绘思维导图之整图绘制

(1) 使用一张长方形的空白纸张，将纸张横放在桌面上。

(2) 将白纸用两横两纵的线条或折痕分为大小相同的九个方块。

(3) 将中心主题画在纸正中的方块上，一般要画得稍大一些，约占一个方块的大小，最好配以与主题相关的彩色图画。

(4) 从中心主题的右侧上方开始画第一条分支，分支要连接中心主题。第一级分支最好由粗到细，呈自然弯曲，并可饰以图案；第二级及以下的分支可仅用自然弯曲的细线表示。以后按顺时针方向围绕中心主题画第二条、第三条一级分支。

(5) 关键词写在各级分支线条上方，尽量用词或词组。文字的书写方向一律由左至右或由上至下。

(6) 每个分支的线条最好跟文字同一个颜色，颜色的选择可以根据个人喜好，也可根据颜色的属性。

(7) 重点的地方加上符号或图画予以强化，以提醒大脑注意，加深记忆。图画最好是彩色的，颜色可任意选择。

(8) 整个图形最好均匀分布在整个纸张上，而不宜某一块过疏，某一块过密。

2. 手绘思维导图之插图绘制

对普通作图者来说，手绘思维导图最大的困难在于在某个关键部位插入图形，因为绘制插图需要一定的绘画技巧，而很多人并不具备。可参考下列方式进行绘制。

(1) 首先在脑中想好你要绘制的图形，或观察生活中的某个事物，将它们转换为一些基本的几何图形，如圆形、矩形、三角形等，或者这几种图形的组合。

(2) 用这些基本型画出你想画的事物的大致轮廓，注意只要轮廓，不看细节。

(3) 然后对某些局部进行适当的修饰或补充，使之更接近你想画的图形。

(4) 最后运用想象力，丰富你的图形。

手绘思维导图的优点是有助于学习者更好地理解和记忆所画的内容，激发想象力与创造力；缺点是需要掌握基本的绘画技巧，修改起来不太方便，且只能呈现平面的图形等。

3. 机绘思维导图

机绘思维导图是指采用计算机绘图软件在电脑上(或手机里)进行绘制。常用的思维导图作图软件有 Mindmanager、Mindmapper、Inspiration 等，这些软件需要专门安装，有些高级功能可能还需要收费。也可采用在线绘图软件(如百度脑图)和手机绘图软件(如思维简图)等。但在线软件和手机软件功能大都不如单机版作图软件功能齐全。机绘思维导图的优点是不要求绘画技巧，修改比较容易，可以插入图形、图像等，还可以通过超链接，连接相关的文字、图片、音频、视频、网页等多种文件，构成一个网状立体的图形结构，这一点相对手绘思维导图而言是极大的优势。缺点是大多数软件需要专门安装，还需要熟悉其基本操作；绘图受软件功能局限，没有手绘那么自由随意。

3.4 思维导图与创新思维的关系

人类自然的思维过程并不都是线性过程，常常伴有联想、跳跃、类比、直觉、想象和形象思维等，创新思维尤其如此。思维导图的非线性和发散性特征，比分行排列的文字更符合人类思维的特点，因而可作为人类思维外化的工具，使大脑中隐秘的思维过程变得显性化和可视化。思维导图与创新思维的关系如下：

(1) 其关键词的选择可体现思维的概括性和跳跃性；

(2) 向四周放射状的线条有利于引导思维方向的转变，线条的数目代表思维的广度，线条的长度代表思维的深度；

（3）横向联系的联系线可代表内在的、创造性的关系；

（4）颜色和图形图像更需要左右脑的配合，有利于激发想象和创造力；

（5）机绘思维导图的超链接功能更利于呈现思维的复杂性和立体化结构。

中心主题的转换，可构成一连串的动态思维导图，更能表现思维的变化。绘制和修改思维导图的过程，不仅仅是脑内思维显性化和可视化的过程，同时也是灵感激发和思维清晰化、条理化的过程。思维导图的交流和分享有利于思维的交流与分享。因此，思维导图是一个极佳的创新思维工具，这一点将在后面的章节中充分体现。

3.5 思维导图的用途

思维导图可以有很多用途，可概括为以下四大类。

1. 表征知识

思维导图由关键词和各种线条构成，因此可以用于描述概念和概念之间的关系，使知识体系变为可视化，在这一点上类似于概念图（Concept Map）的功能。例如在看书和听课时用思维导图记笔记，就是这种功能的体现。通过思维导图对学习内容的整理，有助于知识的理解、记忆与内化。但思维导图是从中心向四周发散的放射状结构，而概念图是无中心的网状结构，从知识的表征能力来说，概念图比思维导图更合适一些；但从促进思维的方面来看，思维导图则优于概念图。图 3.2 就是笔者当年学习《人体生理学》“尿生成调节”一章时用思维导图所做的笔记。

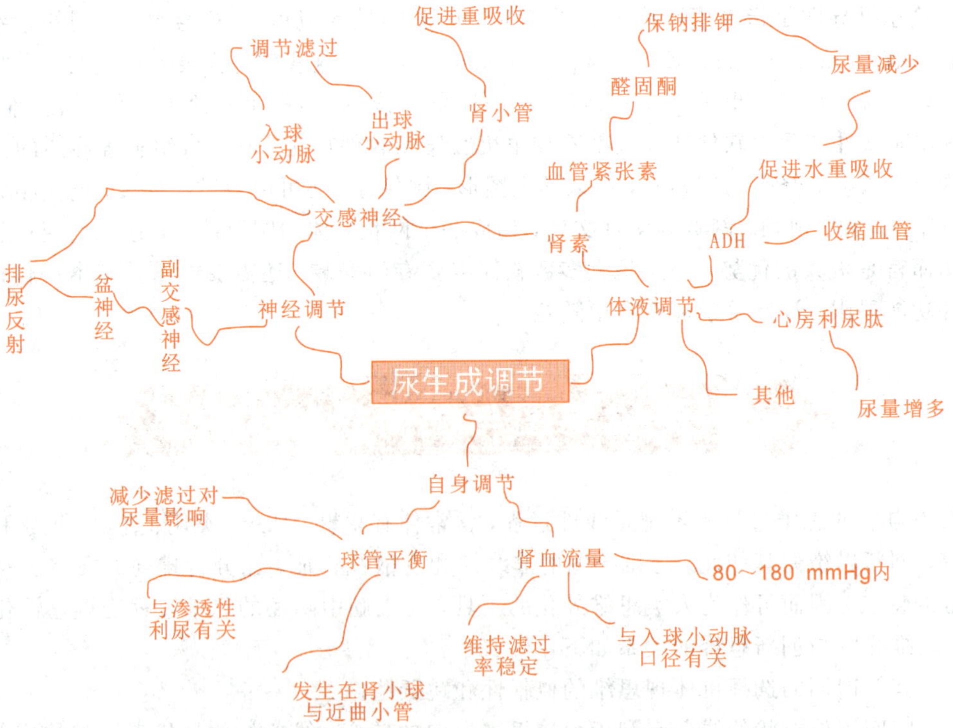

图 3.2 尿生成调节思维导图笔记

2. 整理思维

思维导图最主要的功能是对思维进行梳理与加工。人们在思考某个问题时，用思维导图对思路进行整理，可使思考过程变得更加清晰与高效。如果说概念图更适合对已有知识体系的“表征”，那么思维导图则更适合对正在进行的思考过程的“引导”。例如我们在做计划和方案时边画思维导图边思考，在开会讨论某个问题时边画思维导图边讨论等。人们在思考某个问题时，总是从某一点出发，然后向各个方向推进，这正与思维导图的图形特点不谋而合。画思维导图使原来只在头脑中进行的思维轨迹与思考过程得到外化，变为清晰可见的图形，从而可促进思维的不断深入与扩展，不至于瞻前顾后或原地打转，大大提高思维的效率，同时还能保留思维的成果，有利于思维的交流。

笔者当年在医学院教生理学课程的时候，曾出过一道期末考试题：一个人在沙漠上行走，没有水、没有食物，头上烈日当空。他的身体各系统器官的机能会发生哪些变化？

这道题如果用文字回答，需要很多的文字，而且难以清晰反映学生的思考过程。我要求学生们用画思维导图的方式来答题。根据学生思维导图的绘制可以看出学生对这个问题的思考过程，以及相关知识和概念是否清晰、准确等，从而做出更好的评价。图 3.3 是当年一位学生的答卷。

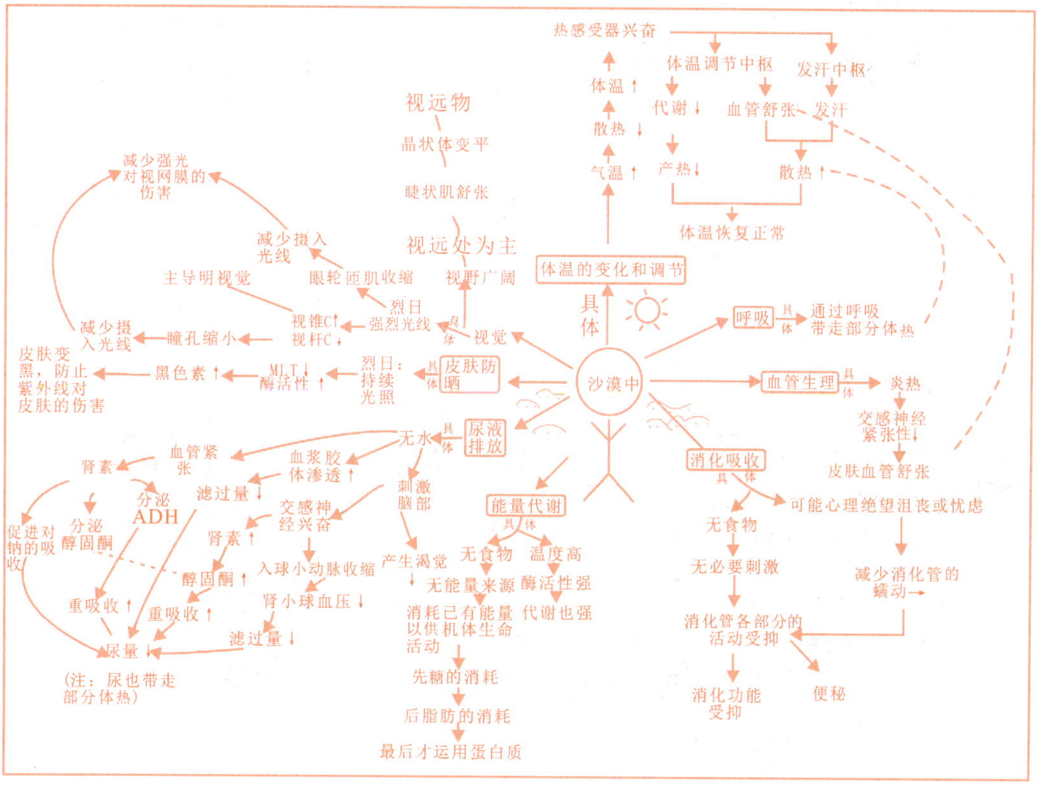

图 3.3 用思维导图回答考试问题

3. 激发创意

思维导图不仅有利于常规思考，还可以激发创新思维。思维导图的放射状图形恰与创新思维的发散性特征完全吻合，它总是“暗示”人们要画出更多的分支，这实际上有引导人们转变思考方向的作用，让思维更加发散与全面；它采用关键词表达思考内容，鼓励人们让思维变得更加简洁与集中；它的颜色与图形图像则调动人们的右脑思维，引发联想与想象。在构思新创意时，画思维导图无疑是有益的；在头脑风暴过程中，用思维导图整理收集到的点子也是大有帮助的。

例如对于"杯子有哪些医学用途"这个问题，可要求学生边思考边画思维导图。学生们一边根据自己对问题的分类画出分支，一边思考杯子的用途。这种方法有助于帮助人想到更多的用途。例如图 3.4 就是对这个问题的一种思考。

思维导图有利于发散思维，这一点是毫无疑义的。用思维导图做笔记、整理思路，要求符合逻辑，具有科学性、准确性和条理性，可称为科学联想发散法；用思维导图激发创意则可采用自由联想发散法和强制联想发散法。自由联想发散法就是围绕某个主题词进行畅想，想到什么就写下什么，不必刻意讲究逻辑和条理，而以想象、类比、灵感、直觉、顿悟等软性思维为主；强制联想发散法则是在自由联想的基础上，对发散出来的词进行二元联想，以激发创意。具体案例将在后续章节中介绍。

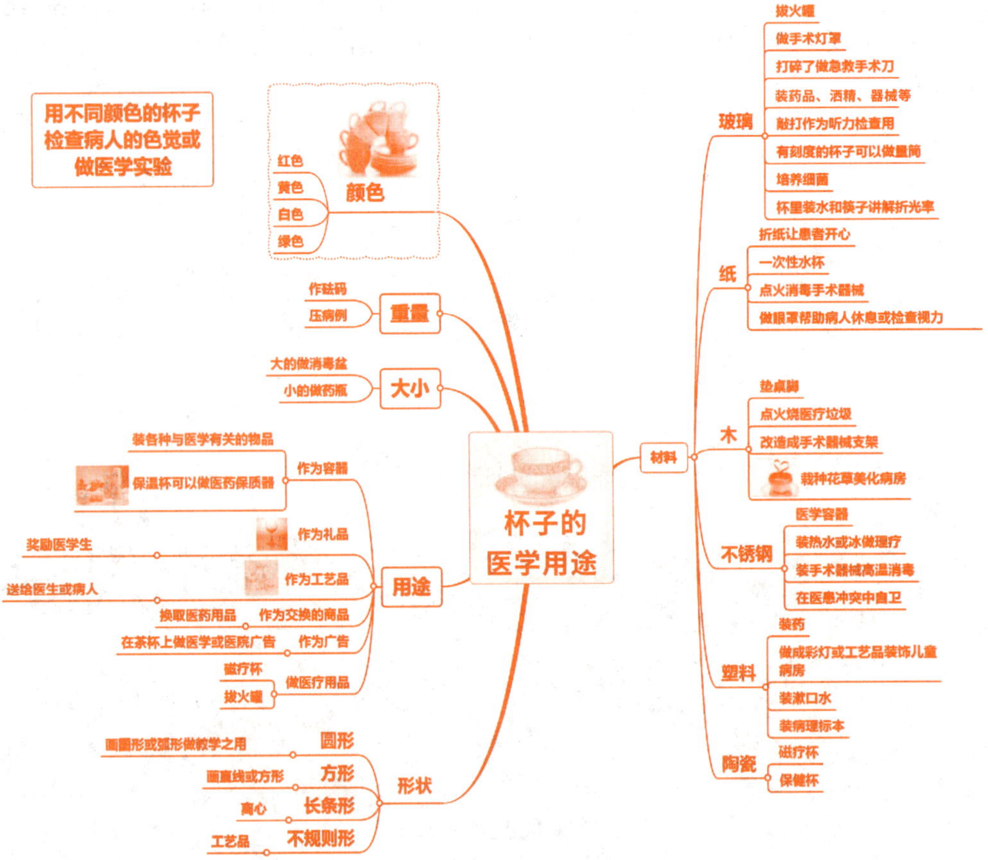

图 3.4 杯子的医学用途

4. 交流展示

作为一种图形工具，思维导图在传达意思方面往往较文字更加简洁直观。比如我们可以用思维导图画出一个内容的大纲，作为图片插入 PPT 或书中，与文字互相配合进行展示；还可以利用机绘思维导图中的超链接功能，在教学中自由打开相关链接进行授课。例如笔者在上《现代学习技术》公选课时，曾将“学习与创新”一章的内容框架用思维导图画出来，通过超链接功能连接相关的 PPT、视频、网页、图形、文本等，上课的时候可以随时点击相关链接打开相应的部分进行讲授。如图 3.5 中文字后面的小图标即为超链接，点击后即可打开一个新文件。

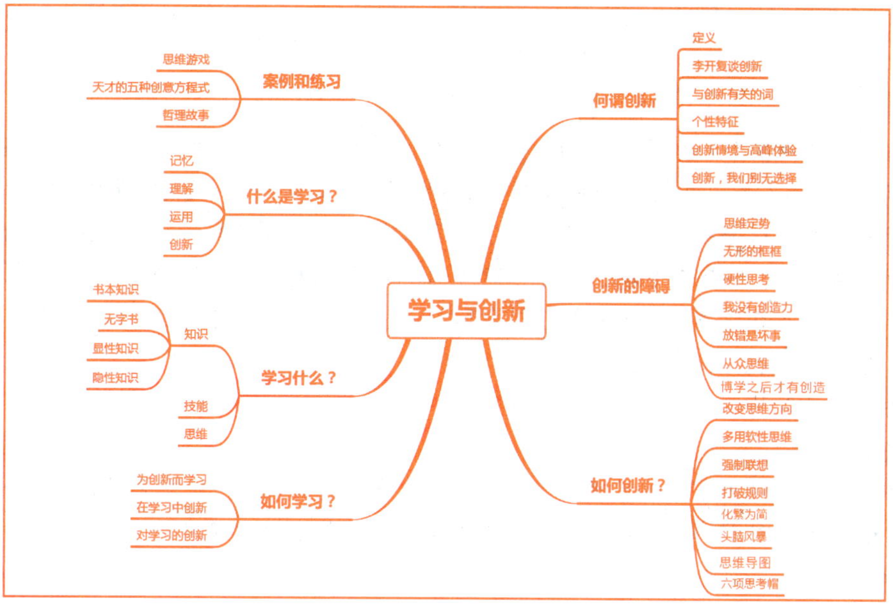

图 3.5　思维导图与其他文件进行链接有利于课堂教学

课外阅读

思维可视化理论

思维可视化(Thinking visualization)是指运用一系列图示技术把本来不可见的思维(思维内容和思维路径)呈现出来，使其清晰可见的过程。被可视化的“思维”更有利于理解和记忆，因此可以有效提高信息加工及信息传递的效能，同时激发创新思维。

思维可视化概念是由曾受聘于华东师范大学现代教育技术研究所的刘濯源首先提出的。经过“理念构建—技术整合—学科结合—模板开发—模式构建—教师培训—系统导入”七个阶段的深入研究及实践，于 2011 年获全国教育信息技术研究“十二五”规划重点课题《思维可视化技术与学科整合的理论和实践研究》立项，并得到广泛认可。

实际上，思维可视化研究早在此之前就已经开展了。例如 20 世纪 60 年代英国心理学家东尼·博赞发明出思维导图这种高效的笔记形式；英国剑桥大学的爱德华·德·波诺博士开发出以“六顶思考帽”为代表的“德波诺思维训练体系”；日本七田真博士 40 多年来致力于倡导和实践基于图像记忆功能开发的右脑教育；心理学家及教育技术学家诺瓦克于 1970 年在康奈尔大学提出概念图(concept map)技术；日本管理大师石川馨先生所发明的鱼骨图(或因果图)等。

实现思维可视化的技术主要包括两类：图示技术(思维导图、模型图、流程图、概念图等)及生成图示的软件技术(Mindmanager、mindmapper、FreeMind、Sharemind、XMIND、Linux、Mindv、imindmap等)。随着思维可视化技术的发展，其在各领域的应用越来越广泛，越来越深入。比如在商业领域出现的“可视化思考”会议；在教育领域出现的“思维可视化教学”；在科研领域出现的“思维可视化研究”等。

一些常见的思维导图在线制作工具

1. 百度脑图

百度脑图是百度公司旗下的网站。操作简单、方便，支持自动实时保存。百度脑图上有三个菜单栏：思路、外观和视图。在制作思维导图当中，最常用就是【外观】的菜单栏。在百度脑图中每一个边框都是一个节点。节点又分为同级节点和下级节点。在节点上双击鼠标左键即可进行文字编辑。在节点上单击鼠标右键会出现一个编辑器，可以进行上下移动、创建上下级节点或者删除等操作。百度脑图绘制的思维导图具有机绘思维导图的基本要素，如中心主题、分支、关键词、颜色、插入图片、超链接等，而且免安装，可利用电脑直接在线绘制，绘制好的图形可以导出为PNG格式的图片。

2. 幕布

幕布是一款在线思维概要整理工具，可以将思维落地，使用过程需要用到Enter、Tab和Shift+Tab三个快捷键，书写结果采用树形结构分布，整个过程简单上手，最后结果可直接预览或者一键转化成思维导图。

3. 其他在线思维导图软件

其他在线思维导图软件，如迅捷思维导图、MindMaster跨端思维导图软件、智能思维导图工具、MindLine思维导图等。

视频资源

学生分享思维导图经验

学习心得

课后练习

一、单选题

1. 思维导图包含哪些基本组成要素？（　　）

A. 中心主题与分支　　B. 关键词与联系线
C. 颜色与图形　　D. 以上都是

2. 下列哪一项与思维导图无关？（　　）

A. 自由联想发散法　　B. 科学联想发散法
C. 强制联想发散法　　D. 随机联想发散法

3. 关于思维导图的描述，下列哪一项是错误的？（　　）

A. 中心主题是思维导图的起点　　B. 分支越多代表思维越深
C. 关键词最好是单词或词组　　D. 联系线代表分支间的横向联系

4. 思维导图中的颜色与图形不包括哪一种功能？（　　）

A. 美观好看　　B. 加深印象
C. 激发右脑思维　　D. 强化重点内容

5. 关于思维导图的手绘步骤，下列那一项是错误的？（　　）

A. 在白纸正中画中心主题　　B. 从右上方开始画第一个分支
C. 按照逆时针方向画其他的分支　　D. 文字书写一律由左至右或由上至下

6. 机绘思维导图与手绘思维导图相比，最大的优点是（　　）。

A. 绘制比较容易，修改比较方便　　B. 不需要掌握绘画技巧
C. 有超链接的功能　　D. 画面比较整齐

7. 思维导图有什么用途？（　　）

A. 表征知识　　B. 理清思路
C. 激发创意　　D. 以上都是

二、判断题(请在下面的句子后面的括号内打√或打×)

1. 思维导图分支越长表示思维越深。（　　）
2. 联系线一般表示隶属关系和层级关系。（　　）
3. 绘图可只看轮廓不看细节。（　　）
4. 思维导图是思维可视化的唯一工具。（　　）
5. 机绘思维导图可形成三维立体结构。（　　）
6. 思维导图也叫概念图。（　　）

三、思考题

1. 思维导图为什么有利于激发创新思维？
2. 思维导图有哪些局限性？还有哪些图形有助于思维发展？

教师指引参考

一、教学目标

1. 熟悉思维导图的基本特点。
2. 掌握思维导图的基本绘制方法。
3. 了解如何利用思维导图激发创新思维。
4. 完成思维导图作品。

二、教学建议

思维导图是一个重要的思维工具，一般要拿出一、两次线下课堂教学时间来进行练习。在本课程慕课视频中，"思维导图及其创新应用"属于第七讲内容，但在实际课堂教学中宜将这个内容提前安排，因为它可作为后续的激发创造力三板斧练习的辅助工具。最好通过手绘思维导图和机绘思维导图过程，让学生体会这两种绘图方法的优缺点。

1. 第一次思维导图课堂练习

第一次思维导图课堂练习可重点选择手绘活动，可分为个人手绘和集体手绘两个阶段，分别在两节课中进行。

1）课前准备

白纸，大张的用于集体创作，小张的用于个人创作；彩色铅笔、橡皮擦和削笔刀等。

2）个人手绘

（1）教师先补充讲授手绘思维导图的要点和注意事项。

（2）选择一篇文章，让学生阅读或听读后，用手绘思维导图的方法记下文章的要点。要求层次清楚、用词准确、图文并茂，能涵盖文章主要内容。

（3）对学生思维导图作品展开组内互评、点评活动。

3）集体手绘

（1）上课时分组就座。

（2）教师先布置一个小组任务，如小组创意介绍等。

（3）小组成员合作完成一个集体思维导图。

（4）小组代表向全班介绍小组作品。

（5）对小组作品进行组间互评和教师点评等。

2. 第二次思维导图课堂练习

第二次思维导图课堂练习可重点选择机绘活动，也可分为两个阶段。

1）第一阶段

（1）课前准备。学生自备笔记本电脑，或安排在电脑课室上课。上课前在电脑中安装好思维导图作图软件。

（2）操作示范。教师可先在课上进行思维导图软件操作示范，让学生掌握思维导图机绘的基本操作和注意事项。

（3）布置一个中心主题，让学生围绕这个中心主题机绘思维导图。如我是谁、我的大学生涯、我的梦想、我的学习计划等。

(4) 作品要求。包含思维导图的基本要素如中心主题、多级分支、关键词、联系线、颜色和图形图像等，还有机绘特有功能如超链接等。

(5) 通过投屏技术将学生作品投到大屏幕上分享、交流和点评。

(6) 让学生比较手绘和机绘思维导图各自的优缺点。

2) 第二阶段

(1) 教师示范。如何用思维导图的图画形式表达一首古诗的文字。

(2) 学生创作。学生任选一首古诗用思维导图进行绘制，可以用手绘或机绘方法。

(3) 分享展示。用拍照或粘贴的方式展示学生的创意作品。

第4章　转变思考方向

【本章要点】

1. 什么是转变思考方向？
2. 为什么要转变思考方向？
3. 如何转变思考方向？

4.1 转变思考方向

转变思考方向是指在思维过程中，有意识地朝与原来方向(或视角、立场、层次等)不同的方向(或视角、立场、层次等)进行思考。转变思考方向的类型包括逆向思维、侧向思维、多向思维、立体思维等。

本书第2章已经介绍过，妨碍创新思维最根本的原因是心智枷锁。当心智模式与事物的本质和发展变化规律不相符合的时候，就成为心智枷锁；心智模式具有隐秘性和自我验证性，不容易发现且非常顽固。因此，要想突破思维定式、打开心智枷锁并非一件容易的事。

有一些学者还把思维惯性等列为妨碍创新思维的原因之一。思维惯性本身也是一种思维定式，属于心智模式的一种特殊类型，往往是由于经验造成的，这里就不做细致的区分。

如何才能突破思维定式、打开心智枷锁？人类已经探索了很多方法，许多创新思维的书籍也介绍了数十甚至上百种方法，但这些方法归结起来，从原理上大体可分为三大类：转变思考方向、软性思维和强制联想，这就是笔者提出的激发创造力“三板斧”。转变思考方向是其中的“第一板斧”。

4.2 为什么要转变思考方向

人类的定式思维大都是线性的，有固定的方向和路径，这就好比我们经常走的一条路。转变思考方向就如同换一条路，以避开常走的那条路。生活中的路我们看得见、看得清，但心智和思维的“路”我们却未必看得见、看得清。因此，我们无论是否知道那条“路”在哪里、是什么样子，都可以通过转变思考方向“避开”那条“路”，从而找到一条新“路”，这就是转变思考方向、激发创新思维的原理。

4.3 如何转变思考方向

转变思考方向有四种主要类型：逆向思维、侧向思维、多向思维和立体思维。

1. 逆向思维

逆向思维就是朝与原来的思考方向相反的方向思考。例如随着智能手机的普及，学生带手机进课堂成为一种常态。学生可能在课堂上玩手机，不认真听讲。这个问题给全球所有的教师都造成困扰。开始的时候，很多老师都主张禁止学生带手机进课堂，想了很多办法，例如做学生的思想工作，要求学生宣誓不带手机进课堂；或者规定学生上课前必须将手机放在固定的手机“休息站”里。如果学生不遵守规定，教师会采取严厉的处罚措施，甚至没收或毁坏学生的手机。但这样做的效果并不理想，冲突时有发生，有时还会造成不可挽回的悲剧。后来，一些老师“逆向思维”，不仅不反对学生带手机进课堂，还鼓励学生自带电子设备(包括手机、笔记本电脑、Pad 等)进课堂。教师则主动改变课堂教学模式，让学生在课堂上充分利用手机等电子设备进行学习。例如手机签到、上网检索资料、讨论、记录、提问、交流、完成练习与作业，开展丰富多彩的课堂互动活动等，取得了良好的教学效果。还有老师将课堂也“搬进”手机，利用手机中的 APP 开展在线教学，鼓励学生充分利用碎片化时间进行学习。目前，已有越来越多的学校和老师加入了这场数字时代的教学变革运动。

从上述案例可以看出，逆向思维常常有利于打破僵局，取得意想不到的效果。采用逆向思维时，常常需要放弃低层次的目标(如阻止手机进课堂)，以换取更高层次目标的实现(变革课堂教学模式)。

有学者提出“对称思维”概念，例如有阴必有阳，有黑必有白，有上必有下，有左必有右，有个人，必想到群体。对称思维本质上也是逆向思维。

2. 侧向思维

侧向思维是指朝与原来不同但又并非截然相反的方向思考。

爱德华·德·波诺 1967 年提出了“水平思维”。他将一个打井的故事作为例子。在一个地方打井，当打到足够深度仍未发现水时，有两种选择，一种是继续将井打深打大，另一种是另择新址再打。前者称为“垂直思维”，后者称为“水平思维”。水平思维更有利于突破思维定式，实现创新、创造。

这种水平思维就是一种典型的侧向思维。举个例子，便利贴的发明，就是利用了侧向思维原理。最开始科学家想发明一种粘力很强的胶水，但最终做出来的却是一种粘力不强的胶水。于是这个试验就暂时搁置下来。后来有一个同事参加礼拜时，习惯在手中歌本内夹张纸条作为标识，但纸条经常在翻页时脱落，他便想到了那种粘力不强的胶水，“有点粘又不会太粘，可以贴在纸条上，又可以重复撕贴，而不会破坏那张纸”，便利贴就这样发明了。

在这个故事里，发明者将思考方向从最初的“粘力很强”，向“粘力不强”方向做了一次“侧移”，结果就导致了思维的突破。

这样的故事还有很多。例如有人承包千岛湖的一片水域养鱼，希望通过卖鱼赚钱。没想到千岛湖里出产的鱼大都是一种头大身小、且有很多刺的鱼，卖不起好价钱。后来，承包者发现，工人们在拉网捕鱼时，这种鱼跳得很高。忽然灵机一动，请来一位舞蹈教师，设计一套与拉网捕鱼作业相配套的舞蹈动作，教捕鱼工人一边跳舞喊号子，一边拉网捕鱼。网里的鱼跳得很高，场面蔚为壮观。接着租来一艘游艇，将买了观光票的游客，载到捕鱼的地方，观看捕鱼的表演，最终取得了良好的经济效益。这个故事里的主人公同样运用了侧向思维，将原来的“卖鱼赚钱”思路，“侧移”到“捕鱼观光”思路，取得了意想不到的成功。

3. 多向思维

多向思维是指同时向多个方向思考，而不局限于某一个或少数几个具体方向。多向思维就是发散思维。激发创意时可以先发散思考，尽可能想出多个解决问题的办法(点子)，然后再逐一评判、筛选，找出最合适的解决办法(点子)。

多向思维可以采用一些辅助工具和方法。例如画思维导图就是一个有利于多向思维的工具。思维导图的放射状分支和线条，有利于让人转变思考方向，向尽可能多的方向思考。

还有一种头脑风暴法，则是利用会议的形式，集中集体智慧，想出更多点子的办法。头脑风暴法一般做法如下。

(1) 确定议题。首先，必须在会前确定一个目标，使所有与会者都明确通过这次会议需要解决什么问题，同时对解决问题的方案不要有任何拘束和限制。

(2) 会前准备。为了使头脑风暴畅谈会的效率较高，效果较好，可在会前做一点准备工作。如收集一些资料预先给大家参考，以便与会者了解与议题有关的背景材料和外界动态。就参与者而言，在开会之前，对于要解决的问题一定要有所了解。会场可作适当布置，座位排成圆环形的环境往往比教室式的环境更为有利。此外，在头脑风暴会正式开始前还可以做一些热身游戏，以便活跃气氛，促进思维。

(3) 确定人选。一般以8～12人为宜，与会者人数太少不利于交流信息、激发思维，而人数太多则不容易掌握，并且每个人发言的机会相对减少。最好考虑具有不同背景的人选，而不是单一背景人选。如讨论一个新型课室的建设方案时，不仅要有教务部门的代表、设备厂家的代表、教育技术专家，还应有教师代表、学生代表等。

(4) 明确分工。要推定一名主持人，1～2名记录员(秘书)。主持人的作用是在头脑风暴开始时重申讨论的议题和纪律，在会议进程中启发引导，掌握进程。记录员应将与会者的所有设想都及时编号，简要记录，最好写在黑板等醒目处，让与会者能够看清。也可以用画思维导图的方法记录。记录员也应随时提出自己的设想。

(5) 规定纪律。如要集中注意力积极投入，不消极旁观；不要私下议论，以免影响他人的思考；发言要针对目标，开门见山，不要客套，也不必做过多的解释；与会者之间相互尊重，平等相待，切忌相互褒贬等。对任何想法或点子，不论多么荒诞不经，都不要立即评判，而应悬置评判。等以后整理时再做处理。在头脑风暴阶段，应先求数量，不求质量。因为有些最初看上去荒诞不经的想法或点子，有可能将我们的思维带到全新的方向。

(6) 掌握时间。一般来说，以几十分钟为宜。时间太短与会者难以畅所欲言，太长则容易产生疲劳感，影响会议效果。

(7) 及时整理。对头脑风暴想出来的点子，应在会后及时整理。整理时可将点子或想法分为几类：第一类是常规的想法，这些想法没有什么新奇之处，前人已经想过了，可以暂时搁置一旁；第二类是新奇但目前还不可能实现的想法，也不要急于放弃，可以继续思考；第三类是新奇且有可能实现的想法，可以先做重点考虑。

必要时，头脑风暴可以进行第二、第三次，直到找出满意的点子为止。头脑风暴法还有一个变种，叫“智慧墙”。如可以让每位参与者将自己的设想不直接说出来，而是写在小纸条上，然后粘贴在墙壁或黑板上，让其他参与者自由浏览，同时不断补充新的点子。这种“智慧墙”方法，可以让会议参与者不受前面发言者的影响，避免从众思维，先进行独立思考。这样发散出来的点子有可能比会议式的头脑风暴要多。

4. 立体思维

立体思维是指对同一个事物从不同角度或侧面进行思考，以全面认识该事物，避免单一片面看法，并产生出新的想法。多向思维是针对某个问题朝多个方向发散思考，以找到更多的解决办法；立体思维则是从多个方向向一个事物聚焦，以全面认识该事物。两者看似相同，实则不同。例如某高校要建设一间新型课室，开始时可以采用多向思维，用头脑风暴的方法思考要建设一个什么样的新型课室，这样的课室应该具有哪些功能、配备哪些设备、实现哪些目标等问题。在形成一个初步方案后，又采用立体思维，从各个方向论证这套方案的优点、缺点，长处、短处，正面价值、负面效应，近期效果、远期效益等，直到将这个方案的方方面面全部思考一遍，再改进和完善方案，或找出替代方案。

立体思维的典型代表是爱德华·德·波诺的六顶思考帽法，具体内容将在本教程第 8 章中详细介绍。

课外阅读

3D 打印中的“逆向思维”

3D 打印(3DP)即快速成型技术的一种，它是一种以数字模型文件为基础，运用粉末状金属或塑料等可粘合的材料，通过逐层打印的方式来构造物体的技术。

3D 打印通常是采用数字技术材料打印机来实现的。常在模具制造、工业设计等领域被用于制造模型，后逐渐用于一些产品的直接制造。该技术在珠宝、鞋类、工业设计、建筑、工程和施工、汽车，航空航天、牙科和医疗产业、教育、地理信息系统、土木工程、枪支以及其他领域都有所应用。

3D 打印实际上是一个典型的逆向思维应用案例。据李培根院士介绍，传统工业制造都是“减材制造”，例如拿一根金属圆棒在车床上去削，最后加工成一个轴，这个过程是材料的去除过程，材料在不断减少；在一个平板上打一个洞、钻一个孔，也是一个材料减少的过程。后来有人思考，能不能反其道而行，搞“增材制造”？“增材制造”怎么做？就是把你所希望的东西剖成一个个的平面，每一个截面中也有一个圆圈，然后一层一层地把材料堆积起来，就是一个“增材制造”的过程。3D 打印就是采用“增材制造”的原理发明出来的，这是新工业革命的标志性事件之一。以前“减材制造”做不出来的东西，现在“增材制造”可以做出来。例如原来航空航天中一个小部件需要很多个零件或者几十个零件拼成，这对可靠性不利。现在用“增材制造”的方法做，本来是几十个零件拼起来的，现在一次性“打印”出一个零件就可以了。

视频资源

用白纸猜谜语

学习心得

课后练习

一、单选题

1. 关于转变思考方向的描述，下列哪项是错误的？（　　）
A. 转变思考方向是突破思维定势的重要方法之一
B. 转变思考方向包括逆向思维、侧向思维、多向思维等
C. 头脑风暴法和思维导图有助于转变思考方向
D. 转变思考方向对大多数人来说是容易做到的事情
2. 关于头脑风暴法的描述，哪一项是错误的？（　　）
A. 头脑风暴法以 8～12 人为宜
B. 头脑风暴的时间不宜太长
C. 如果有人的想法非常荒谬应该及时指出
D. 头脑风暴的结果应该及时整理
3. 关于多向思维与立体思维，下列哪一项是错误的？（　　）
A. 多向思维与立体思维既相似又不同
B. 多向思维是发散思维
C. 立体思维是聚焦思维
D. 立体思维最有代表性的方法是头脑风暴法
4. 智慧墙与头脑风暴的不同是：（　　）。
A. 头脑风暴是发散思维，智慧墙是汇聚思维
B. 头脑风暴是集体思考，智慧墙是个人思考
C. 头脑风暴时较易受他人影响
D. 智慧墙容易导致从众思维
5. 红灯亮了绕道走属于：（　　）。
A. 逆向思维　　B. 侧向思维
C. 多向思维　　D. 立体思维
6. 转变思考方向是为了：（　　）。
A. 暂时回避问题　　B. 打破思维定式
C. 让大脑放松一会　　D. 发现心智模式

二、判断题(请在下面的句子后面的括号内打√或打×)

1. 思维导图可用于头脑风暴法中。（　　）
2. 有时危机反而有利于突破思维定势。（　　）
3. 头脑风暴时不仅要追求点子的数量还要追求点子的质量。（　　）
4. 头脑风暴时不应邀请非专业人士参加。（　　）
5. 激发创造力三板斧包括转变思考方向、软性思维和硬性思维。（　　）
6. 水平思维是转变思考方向中的一种。（　　）

三、思考题

1. 一张白纸有多少种用途？
2. 想想看，生活中有哪些问题可以通过转变思考方向来解决？

教师指引参考

一、教学目标

1. 了解转变思考方向的目的和意义。
2. 熟悉转变思考方向的几种分类。
3. 掌握转变思考方向的几种辅助工具或方法，如思维导图、头脑风暴、智慧墙等。
4. 培养转变思考方向的意识和习惯。

二、教学建议

1. 逆向思维练习

例题 1

从前有个农夫，死后留下一些牛。他在遗书中写道：妻子得全部牛的半数加半头；长子得剩下的牛的半数加半头，正好是妻子所得的一半；次子得还剩下的牛的半数加半头，正好是长子所得的一半；长女得最后剩下的牛的半数加半头，正好是次子所得的一半。结果一头牛也没杀，也没剩下。问农夫总共留下了多少头牛？

例题 2

有父子俩带着一条小狗去散步。儿子和小狗先出发，10 秒钟后父亲才动身。在父亲出门的一瞬间，小狗奔向父亲身边；接着它又马上朝儿子那边跑去。小狗就这样不停地跑来跑去，小狗每秒跑 5 米，父亲每秒走 2 米，儿子每秒走 1 米，问在父亲从家门口出发到赶上儿子的这段时间里，小狗共跑了多少米？

例题 3

在一块土地上种植 4 棵树，要求每两棵树之间的距离相等，请问这 4 棵树应该怎么摆？一共有多少种摆法？

2. 侧向思维练习

例题 1

一个老人留下遗言，将他的 17 头骆驼分给三个儿子。大儿子分 1/2，二儿子分 1/3，三儿子分 1/9，骆驼一个也不许宰杀。问每个儿子各分几头？

例题 2

5 个 1 能组成的最大数字是多少？

3. 多向思维练习

练习 1　一张白纸有多少种用途？

这个练习可采用任何一种常见物品进行，如一部手机有多少种用途？回形针有多少种用途？四巧板有多少种用途……还可结合头脑风暴、智慧墙、思维导图等工具进行。具体步骤如下：

(1) 先个人思考，并写在纸上，越多越好。(5分钟左右)

(2) 用画思维导图的方法，边画思维导图边思考白纸的更多用途，可参看图4.1的思路，看能否想出更多的用途，也可按照自己的思路去思考。(10分钟左右)

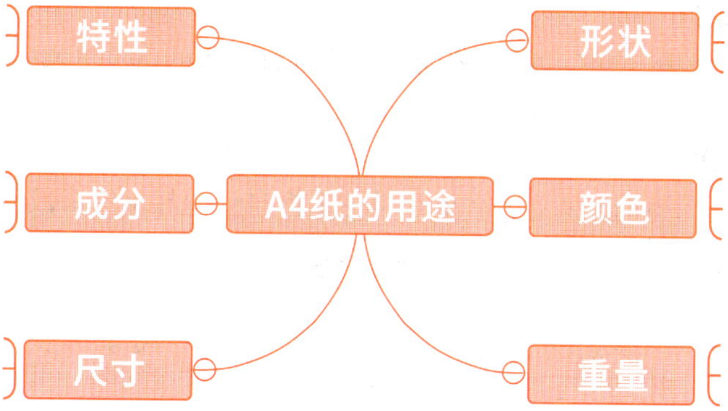

图4.1 A4纸用途的思维导图

(3) 在小组内交换各自想到的用途，随时互相启发补充，想到的用途越多、越新奇越好。(5分钟左右)

(4) 参照图4.2进行统计评分。(5分钟左右)

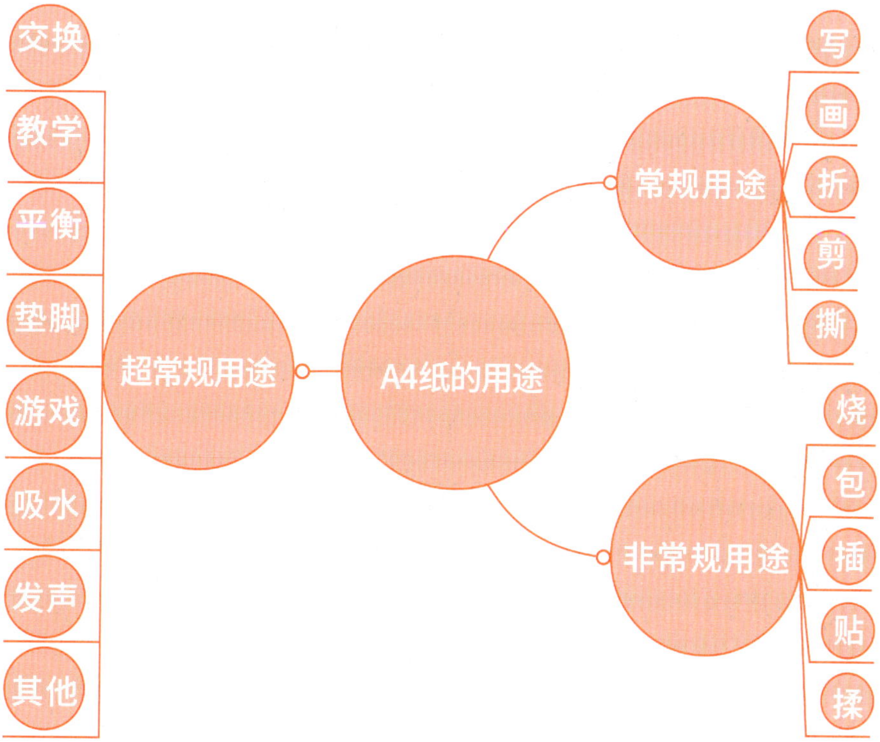

图4.2 A4纸用途统计评分

每一个常规用途计1分，非常规用途计2分，超常规用途计3分。常规、非常规、超常规用途的划分，可根据组内多数意见确定。总分越高表示思维的流畅性越好；分类（主要分支）越多，表示思维的变通性越好；超常规用途越多，表示思维的独特性越好。

练习 2　用白纸猜灯谜

在一张 A4 白纸的正中，写上“无钱”两个字，打一成语。谜底是“一穷二白”。按照这种模式，请用白纸做道具，制作一组灯谜。

练习 3　改写诗歌

请对“清明时节雨纷纷，路上行人欲断魂。借问酒家何处有，牧童遥指杏花村。”这首古诗进行尽可能多形式的改写。

练习 4　续写故事

教师可先讲一个故事的开头，然后要求学生根据自己的想象续写故事的结尾。例如：

少女的故事

一富人垂涎某少女的美貌，想将她占为己有。恰好这时少女的父亲因为生意上的事情借了富人的高利贷，无力偿还，富人晚上上门来逼债。少女代父亲向富人求情，请求宽限一些日子。这时他们三人正走在一条由黑白两种石子铺成的小道上。富人从地上抓起两颗石子，放在一个布袋里，说：这样吧，这个袋子里有黑白两颗石子。你从这个袋子里摸一颗石子，如果你摸到的是白色的石子，我和你父亲之间所有的债务就一笔勾销；如果摸到的是黑色的石子，那么你就得跟我走，为你父亲抵债。如何？少女沉思了一下就答应了。你知道少女是怎样让自己和父亲都逃过一劫的吗？

这个故事原本有一个“正确的”结尾：少女知道富人没安好心，一定选了两颗黑色的石子，无论自己摸出哪颗石子，结果都一样。但她灵机一动，故意将摸出的石子失手掉到了路上。由于路上原来就有黑白两种石子，所以掉在地上的石子找不到了。于是少女说，那我们看看袋子里剩下的那颗石子是什么颜色的吧。就这样，少女和父亲逃过了一劫。

教师应要求学生不受这个“结尾”的影响，充分利用逆向思维、侧向思维等，续写出故事的多种结尾。

第5章　软性思维

【本章要点】

1. 什么是软性思维？
2. 为什么要进行软性思维？
3. 软性思维有哪些常见类型？
4. 如何进行软性思维？

5.1　软性思维

软性思维(Flexible thinking)的概念，据说是由美国加州门罗公园的“创造性思考”公司创办人兼总经理罗杰·冯·伊区提出的，但似乎没有明确的定义。本教程对软性思维的定义是：软性思维是一种有别于逻辑思维的思考方法。逻辑思维是一种硬思维、线性思维，是环环相扣、探讨因果关系的思维；而软性思维则是一种借助形象、类比、隐喻、联想、直觉、灵感等而展开的思维方式，它往往是不连续的、跳跃的、发散的，含糊不清、模棱两可而又倏忽不定的，带有某种神秘色彩，它探讨的不是事物之间的表面联系，而是内在关联，这种关联是无法用逻辑来加以说明的，理解这种关联需要洞察力。软性思维是帮助人们摆脱思维定式，激发创造力的“第二板斧”。

5.2　为什么要进行软性思维

逻辑和理性，一直是思维中经常强调的两个方面。

逻辑，是一种抽象思维法则和形式。逻辑思维(Logical thinking)，就是人们在认识过程中借助于概念、判断、推理等思维形式能动地反映客观现实的理性认识过程。只有经过逻辑思维，人们才能达到对具体对象本质规定的把握，进而认识客观世界。它是人的认识的高级阶段，即理性认识阶段。

理性是指人类能够运用理智的能力，是能够识别、判断、评估实际理由以及使人的行为符合特定目的的一种智能。它通过论点及具有说服力的论据发现真理，通过符合逻辑的推理而非依靠表象而获得结论、意见和行动的理由。理性是相对于感性而言的，它需要人类排除情感、情绪等非理性因素干扰，经过审慎思考后，作出判断或决定。

从上面的分析中可以看出，逻辑思维和理性思维，是相互关联的，属于线性的思维方法，它们环环相扣，依序进行，强调因果联系，具有唯一性、排他性、清晰性、抽象性等特征。这种思维方式可称之为硬思维或硬性思维。这种思维方式虽然能推导出明确的结果，却也限制了更多的可能性，导致思维方向单一，容易产生思维定式，因而妨碍创新思维。只要分析推理过程正确，你能想到的，别人也能想到，甚至计算机和人工智能比你想得更快、更好、更不容易出差错。

但创新思维是一种与众不同的思维，它需要求新求异，而不是雷同和一致。逻辑与理性，有时会成为妨碍创新思维的障碍。因此，我们需要反向而行，那就是多用软性思维。软性思维是所有非逻辑、非理性思维的统称。

软性思维概念的发明人罗杰认为，任何发明创造关键都在寻求新的创意。而在发展新创意时，主要有两大阶段：第一是萌芽阶段，第二是实用阶段。在萌芽阶段，新创意要冒出来，逻辑和理性最好退居幕后，让软性思维发挥作用；到了实用阶段，新创意开始接受评价及采用，则必须依靠逻辑思维。尽管逻辑思维在思维的大多数时间内都存在并发挥重要作用，但在创意萌发的最关键环节上却是“缺席”的。这种“缺席”还非常重要，正是因为逻辑思维的偶尔缺席，才给了软性思维以用武之地，才可能出现思维的突破。否则，思维突破可能无从发生。创造力强的人和创造力不足的人的区别就在于，是不是经常主动地、有意识地采用软性思维。

5.3 软性思维的常见类型

软性思维有联想思维、想象思维、形象思维、直觉思维、灵感与顿悟等多种形式。

1. 联想思维

联想思维简称“联想”。联想是指由于某人或某种事物而想起其他相关的人或事物，由某一概念而引起其他相关的概念。我们在认识一个人和事物(名称或实体)时，不可能只停留在该事物本身，而会自然而然产生相关联想，这是人类思维的特点。联想构成了我们对人和事物认知的不可分割的有机组成部分，只是平时未必会引起我们的注意。

联想是暂时神经联系的复活，它是事物之间联系和关系的反映。客观事物是相互联系的，客观事物或现象之间的各种关系和联系反映在人脑中而有各种联想，有反映事物外部联系的简单的、初级的联想，也有反映事物内部联系的复杂的、高级的联想。一般来说，在空间上和时间上同时出现或相继出现，在外部特征和意义上相似或相反的事物，反映在人脑中并建立联系，以后只要其中一个事物出现，就会在头脑中引起与之相联系的另一事物的出现，这便是联想。

联想是心理学家较早研究的一种心理现象。目前为止，人们总结出的一般性联想规律有四种，即相似联想、接近联想、对比联想、因果联想。相似联想，就是由某一事物或现象想到与它相似的其他事物或现象，进而产生某种新设想；接近联想，是根据事物之间在空间或时间上的彼此接近进行联想，进而产生某种新设想的思维方式；对比联想，是指对于性质或特点相反的事物的联想；因果联想，是指对逻辑上有因果关系的事物产生的联想。文学修辞中的比喻手法(含明喻、暗喻)和象征手法实际上都是运用了相似联想。

认知心理学实验中，常常把联想分为两类：近距离联想和远距离联想。早在 1962 年，Mednick(梅德尼克)在创造性理论中提出了远距离联想的概念，他认为概念在一个语义网络中是按照不同的强度相互联系的，某个特定的概念激活另一个概念的水平反映了两个概念表征的距离，也就是说，那些越不容易从一个概念联想到另一个概念的，两者之间的距离越远。

高创造性的人以一种独特的方式将事物进行联系，他们能够轻松地产生较多的远距离联想，他们的"联想层级"范围很广，这也意味着他们并不倾向于选择那些与刺激词有关的典型的高预期的联想词；相反，他们倾向于选择那些低预期的联想词。

大多数情况下，人类思维是联想性的、跳跃式的，类似于网络的超链接，除非我们付出意志努力，否则我们的思维并不总是按照形式逻辑进行线性思考的。人类的超链接式联想是创新思维的来源，是不同于逻辑思维和计算思维的地方。

由联想引发创新的例子有很多。例如阿基米德通过观察洗澡时水被身体排出澡盆外，而联想到可以利用水的浮力来检测皇冠的含金量；鲁班从带锯齿边的茅草中得到启发而发明锯子；瓦特从沸腾的开水壶盖上受到启发而发明蒸汽机等。这种思维方式是计算机和智能机器人所不具有的。

2. 想象思维

想象思维简称"想象"。想象是一种特殊的思维形式，是人在头脑里对已储存的表象进行加工改造形成新形象的心理过程。它能突破时间和空间的束缚。

想象与联想有相似之处，但又有明显的不同。联想是指在一个事物的基础上想到另外一个真实存在、具有相同或相关特点的事物；而想象是指在一个事物的基础上想到另外一个不存在的、虚构出来的事物。因此想象在本质上与联想有相似之处，即都是由一事物想到另一事物(不论这个事物是真实存在的还是虚构的)。

在想象活动中，为了构想一个不存在的事物，需要用到以下几种认知加工方法。

1）粘合

粘合就是把两种或以上本无关系的客观事物的属性和特征结合在一起，构成新形象。如将人和猴子的特征相结合，就构成了孙悟空的形象；将人和猪的特征相结合，就构成了猪八戒的形象等。

2）夸张

夸张是故意增大或缩小客观事物的正常特征，使他们发生变形。《格列佛游记》中的大人国和小人国就是经典的例子。

3）人格化

人格化就是对客观事物赋予人的形象和特征，从而产生新的形象。如童话故事《小蝌蚪找妈妈》，就是将蝌蚪和青蛙进行人格化处理的结果。

4）典型化

典型化就是根据一类事物的共同特征来创造新形象。例如鲁迅小说《阿 Q 正传》里的阿 Q，就是作家通过典型化方法虚构出来的人物。

想象可分为无意想象和有意想象两大类。

无意想象是指事先没有预定目的的想象，是在外界刺激的作用下不由自主地产生的。例如，梦就是一种无意想象。有意思的是，很多创意是在梦中获得的。

有意想象是指事先有预定目的的想象。根据内容的新颖性、独立性和创造程度，又可分为再造想象、创造想象和幻想三类。

再造想象是指根据别人的描述或图样，在头脑中形成新形象的过程。创造想象指不根据现成的描述，而在大脑中独立地产生新形象的过程。幻想是指与个人生活愿望相联系并指向未来的想象，是创造想象的特殊形式。积极的幻想是创造力实现的必要条件。幻想若符合事物发展规律，有可能实现，就是理想；若不以客观规律为依据，甚至违背事物发展的客观进程，不可能实现，就变成空想。

爱因斯坦说过："想象力比知识更重要，因为知识是有限的，而想象力概括着世界的一切，推动着进步。"

3. 形象思维

形象思维是指通过一系列连续的形象进行思考与作出判断的思维方式。人们在日常生活中，将眼睛看到的图画、耳朵听到的声音、鼻子嗅到的气味、舌头品到的口味、皮肤碰到的触觉这些感知形象记忆在头脑中，同时还记住了一些感知形象出现的先后顺序。当人们感知到新现象时，记忆中与新现象类似的感知形象以及紧随其后的感知形象就会被激活，各种感知形象就会在人们的头脑中变幻，这种感知形象在头脑中的变幻能引起人们的行为反应。

举个例子，人们在生活中观察到电闪雷鸣之后常常发生大雨滂沱的景象，于是以后再看到电闪雷鸣时就会想到收拾晾晒的衣物或找地方躲避。又比如有经验的猎人，一看到地上动物的粪便、听到某种特殊的声响或者嗅到空气中某种特殊的气味，立即激活脑中一系列感知形象记忆，做出附近存在某种动物以及动物数量、距离、大小等的判断，并迅速采取相应的行动。

形象思维与联想思维中的接近联想和近距离联想有相似之处，不同的是，联想思维不仅仅指感知形象的联想，还包括词语等抽象概念的联想；不仅有反映事物外部联系的简单的、低级的联想，也有反映事物内部联系的复杂的、高级的联想。例如笔者曾做过一个联想试验。给被试者看一幅向日葵图像，要求迅速写下脑中联想到的词。被试者除了想到阳光、草地、天空、白云、瓜子、梵高等一系列形象之外，还想到开朗、热情、孤芳自赏、追求、奉献、光明、乐观向上、好心情等抽象的词。

4. 直觉思维

直觉(Intuition)，是指一种不使用证据、实验、有意识的推理，或者在不明原因的情况下迅速出现的直接想法、感觉、信念或偏好。直觉具有以下几个关键特质：

- 迅速出现在大脑中；
- 我们意识不到它的深层运行机制；
- 强烈实现的动机。

用通俗的话说，就是我们在瞬间产生了某种想法或倾向，无法解释它从何而来，但却有很强的动力要去实现它。

直觉思维是指不经过逻辑的分析推理，仅凭最初由感官接收到的初步信息，即对事物的本质和规律做出迅速、敏锐而深入的洞察与判断。

直觉思维常常表现为两种形式：一是由局部信息迅速做出整体判断，即所谓"窥一斑而知全豹"；二是由初始信息迅速洞察最终结局，例如"从一片落叶感知秋之将至"。

直觉思维与形象思维有类似之处，有人认为它是具有直接性质的形象思维，是形象思维的一种。但它比一般意义上的形象思维要更直接、更迅速、更深入。

直觉是如何发挥作用的，人们至今并不十分清楚。它常常被解释为一种本能，一种神秘、模糊的内在力量，或者“第六感”。但也有人认为直觉实际上是在大脑中经过的一个快速的分析和评价过程，只是它快到我们难以察觉的程度，而且受经验和情绪的影响。

直觉思维也类似于我们前面说过的心智模式，其结果具有或然性，可能正确，也可能不正确。其正确概率大小取决于我们的知识、经验和某些复杂因素。有实验证明，即使经过大量的数据收集、分析推理后做出的决策，并不一定比直觉做出的决定更好。尤其是当规则不明确、不确定性大、难以穷尽各种复杂因素的情形下更是如此。

5. 灵感与顿悟

灵感(inspiration)，也叫灵感思维，是指文艺、科技活动中瞬间产生的富有创造性的突发思维状态。顿悟本是佛教术语，指长期思考无果后的一种突然的颖悟。当人们对问题百思不得其解，突然看出问题情境中的各种关系并产生了顿悟和理解。犹如“踏破铁鞋无觅处，得来全不费功夫”。其特点是突发性、独特性、偶然性，常常伴有一声“啊哈”和豁然开朗之感，神经科学家们常称顿悟为“有了”(Eureka)或“啊哈”(Aha)时刻。格式塔派心理学家认为，顿悟是思维中的旧的格式塔(旧的逻辑)被打破和新的格式塔(新的逻辑)被创建的过程。灵感和顿悟常常并称，顿悟有时也称为洞见(insight)。顿悟是创造性思维的普遍形态。现代心理学家们发现，任何顿悟必须以明确地思考问题为大前提，顿悟往往需要经过长期、认真甚至艰苦的思考之后才有可能出现。

格式塔派心理学家苛勒曾做过一个著名的“接竹竿实验”。将黑猩猩关进笼里，笼里有两根能够接起来的竹竿，笼外放有香蕉。黑猩猩要想得到香蕉，就必须把这两根竹竿接起来。开始时黑猩猩先试着用手去够香蕉，然后用一根竹竿够香蕉，经过这样反复尝试之后，黑猩猩仍不能得到香蕉。这时黑猩猩就会停下来，看看外面香蕉与笼子的距离，把两根竹竿放在手里摆弄，偶然地将两根竹竿接了起来，它就会很快地用接起来的竹竿去得到食物。黑猩猩很高兴自己的“发明”，不断重复着这一获得香蕉的方式。黑猩猩并不是像小猫那样通过盲目试错的方式逐渐学会如何拿到香蕉的，而是突然理解了笼子、两根短竹棒、笼外香蕉等事物的相互关系之后产生了顿悟。顿悟一旦产生，就具有高迁移性，很容易用于解决同类问题。

从心理过程上看，顿悟是一个在一瞬间实现的、问题解决视角的“新旧交替”过程，它包含两个方面，一是新的能有效解决问题的思路如何实现，二是旧的无效问题解决思路如何被抛弃(即思维定势如何被打破)。顿悟意味着大脑内新异而有效的神经联系的形成。

5.4 如何进行软性思维

进行软性思维时，可采用下列几种方法。

1. 从“假如”开始

假如人类每只手有六个手指会怎样？假如地球每一天有一小会突然失去重力会怎样？假如太阳某一天从西边出东边落会怎样？假如我们忽然年轻十岁我们会重新做哪些选择？假如……

从假如开始，看上去好像很不靠谱，异想天开，但却常常有奇效。它可帮助我们打破心智枷锁，突破常规思维，想人之不敢想，充分运用想象力和形象思维等软性思维方法，将一些似乎不可能的事，变成有可能的存在。

当爱因斯坦还在孩子的时候，就一直在想一个奇怪的问题：假如人骑着一束光去旅行，会看到什么？这个问题一直未离开他的大脑，直到他最终提出了相对论。

有一次，秘鲁海军的一艘鱼雷潜艇发生故障，沉入了33米深的海底，潜艇里的幸存者想了种种办法，都无法从这艘严重受损的潜艇中逃离。这时，鱼雷发射手突发奇想，假如把人像发射鱼雷一样“发射”到海面上去呢？一句话提醒了代理艇长，他作出了一个大胆的决定：“大家在出艇之前，尽量呼出肺里的空气，并且憋气30秒。我估计，在这个时间内，从33米的海底到达水面是足够用的了。”结果，水兵们忍受着压力巨变带来的痛苦，一个个被鱼雷发射器弹出了水面，除一人因脑出血死亡外，大部分人都奇迹般生还。

日常生活中也有很多可以用“假如”来寻找创意、解决问题的例子。比如我们开始练习打乒乓球时，常常会一个人拿拍子对着墙壁或一扇门反复击球。这时最让我们感到不便的是，每次都要弯腰去捡掉在地上的球。而且这球还不老实，在地上蹦蹦跳跳，让我们追出老远，很容易感到疲劳。于是我们有时会想，假如有一种办法能让我们不需要弯腰捡球该有多好！只不过这个念头在我们头脑中只是一闪就过去了，一切还是照旧。但精明的商家却抓住了这个“痛点”，开发出了新的产品——乒乓球训练器(见图5.1)。

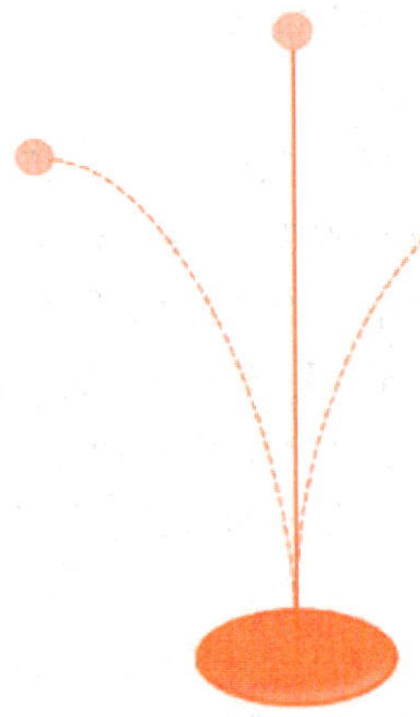

图5.1 乒乓球训练器

这种乒乓球训练器非常简单，由一根弹性极好的细钢丝将乒乓球和底座固定在一起。人用拍击球时，球可以来回大幅度摆动，却不会掉到地上。既可以用于单人对着墙壁或门练习击球，也可以两人不用球桌来回击球。

2. 寻找相似点

世界上没有完全相同的两个事物，但世界上万事万物又无不存在相似之处。哲学家黑格尔说过：如果一个人能看出当前显而易见的差别，比如能区别一支笔与一头骆驼，我们不会说这个人有了不起的聪明。同样，一个人能比较两个近似的东西，如橡树与槐树，或寺院与教堂，而知其相似，我们不能说他有很高的比较能力，我们所要求的，是要能看出异中之同和同中之异。

在两个看上去毫不相似的事物之间看出它们的相似之处，需要运用软性思维能力，即大胆的联想、类比等，从而激发创造力。

一次，我给研究生上完创新思维课，一位学生忽然拿起桌上的特仑苏牛奶盒对我说：“老师，我发现您的书和这个盒子很相似”(见图5.2)。

图 5.2　特仑苏牛奶和书(程小柳制作)

我故意问：有哪些相似？同学们纷纷回答，色系相似。都是蓝白黄三色，白色的底、蓝色的图案和名字，黄色的小字。还有呢？大家迟疑了一会，然而陆续说出都是纸、都可以在商店里买到、都比较贵、都是产品、都能给人提供营养等，而且越说越多。

回家的路上，我头脑里还在想着两者的相似之处。忽然，一个念头出现在我的脑海之中，我能不能就这两样东西作一首诗呢？很快，这首诗就作好了。

特仑苏牛奶和我的书

在海拔数千米的高原
生长着一群优质奶牛
沐浴着充沛的阳光
悠闲地吃着天然牧草

它们挤出的牛奶
口味香甜、营养丰富
特仑苏的蒙语意思
就是金牌牛奶

在遥远的海边都市
有一个奶牛般沉静的诗人
他把网络当作牧场
吸取着丰富的营养

他将信息与知识的碎片
重构出新的体系
就像奶牛吃的是草

挤出来的是特仑苏牛奶

如果你通过网络和商店
买到这两样东西
一边翻开《碎片与重构》
一边喝着特仑苏牛奶

一个来自高原的奶牛
一个来自海边的诗人
你从这两样东西汲取养分
就会变成一个“牛人”

寻找两个不同事物之间的相似处，有利于我们从以往熟悉的视角或常规的思维模式中跳出来，发现平凡之中的不平凡，从而产生内心的激荡，并萌生出新的创意。

3. 闭上眼睛想象

闭上眼睛时，大脑不再接收外界的影像，而会专注于内心的影像。正如法国画家保罗·高更所说：“我闭上眼睛，以求能够看见。”很多天才人物在创造性工作的开始阶段，并不是依靠逻辑思维的，而是依靠形象思维。对爱因斯坦而言，相对论一开始是一幅影像。“他思考着，如果他骑着一束光，会是何种情景”。莫扎特说得更神奇：“我的主旋律……在我的脑中几乎是一气呵成，我可以一览无遗地加以检视，犹如一幅精致的画作，或是一尊美丽的雕像。”他们都把内心的那个画面，视为创作的终极目标。

有时梦中的影像也能带来创新发现。苯分子中有 6 个碳原子，但这 6 个碳原子到底是如何连接的？这一直是一个谜。为了解开这个谜底，德国化学家凯库勒竭尽了全力，却百思不得其解。一天傍晚，当他思考这个问题感到困倦时，就在炉火边打起瞌睡来。据凯库勒自己说，在梦中他“看见长长的碳链像一条条长蛇翩翩起舞。突然，有一条蛇咬住了自己的尾巴，构成了一个圆环形。”他由此得到启发，悟出了苯分子中的碳链是一个闭合的环，终于发现了苯环结构。

美国“火记”(Firemark)创意顾问公司的创办人兼董事长安奈特，经过对创意本质的多年研究，提出了“天才的 5 种创意方程式”，其中第一种叫作“灵视者”。“灵视者”具有“看见影像的能力”，他们留意脑海中的影像，将极微小的细节可视化，懂得如何运用影象来发掘伟大的构想。

课外阅读

感性有什么作用？

感性思维是一种直觉思维，直觉是在生活经验的基础上，综合各种感官获得的信息，在很短的时间内作出的判断。直觉往往伴有强烈的情绪，如恐惧、喜爱等，情绪是一种能量，其作用在于推动人作出相应的反应（语言和行动）。情绪越强烈，人们作出反应的动力就越大。

理性思维则是通过较长时间的观察和思考，作出的合乎逻辑的推理与判断。理性思维需要排除情绪的干扰，才能顺利地进行。理性思维不伴有强烈的情绪，因而不像感性思维那样容易引发主动的言语和行动。除非有较强的意志，理性不容易战胜感性。

感性负责决定喜不喜欢、接不接受，理性负责判断是对是错、应不应该。

人类生活在复杂与快速变化的环境之中，需要对外界的事物作出迅速的反应。比如动物看到火或听到某种声音，会产生恐惧的情绪，迅速采取逃避的行动，而无须经过复杂的思考过程；又比如我们见到一个陌生人，只凭简单的几个动作和语言，就可以作出一个大致的判断：这个人是好是坏，是不是自己喜欢的，等等。这种直觉可能既有先天遗传的因素，也有后天的经验。由于它往往伴有强烈的喜爱、憎恶、恐惧、高兴等情绪，所以被称之为感性；又由于这种初步的判断常常不一定正确，所以被认为是与理性相对立的。

人们常常推崇理性，贬低感性；肯定逻辑、否定直觉。事实上，感性的作用也很重要，试想，如果事事都要经过细致的分析、推理才能做出判断，人类如何应对瞬息万变的外界环境？大多数时候外界的变化容不得人类慢慢分析思考才做出决定。这时，直觉和感性就起到非常重要的作用。虽然它经常出错，但它正确的概率要大于错误的概率。

其实人类的理性也并不那么可靠。因为要作出正确的分析判断，需要收集尽可能全面的信息，但事实上这并不容易做到。因此，我们以不全面的信息为基础所做出的分析与判断，也未必一定是正确的。这时，直觉里面所包含的未知因素反而可能更有利于我们作出正确的判断。

在不需要人做出快速反应的情况下，人类的感性常常受到理性的管控，因为这样才符合人类的长远利益。但由于感性常常伴有情绪，而情绪是一种能量，能量一旦受到阻碍就一定需要找到宣泄的出口，于是产生了文学艺术这样的精神产品。无论是创作文学艺术还是欣赏文学艺术，都有利于情绪的宣泄。

感性使人富有同情心，富有情趣。科学实验证明人类神经系统中存在镜像神经元，这种神经元能够像照镜子一样通过内部模仿而辨认出所观察对象的动作行为的潜在意义，并且做出相应的情感反应。并认为镜像神经系统可能是人类进行模仿学习(imitation learning)的基础，进而也是人类共情能力、社会交往等的基础。镜像神经元的发现提示，人类的知识也可能来自大脑内部，甚至来自先天的遗传。外界的刺激只不过唤起了大脑内部早已存在的认知过程而已，对其他个体的动作意图的理解可以无须经过分析，只需要经过内部的模仿就能达致理解。镜像神经元的发现使我们对人类感性的认识又前进了一步，也许感性并不像我们以前理解的那样简单和低级。

理性与感性事实上很难截然分开。感性中有理性，理性中有感性，感性认识是理性认识的基础，感性与理性往往彼此交融，相辅相成。没有人能保证自己一直是理性的，有些自称很理性的人，其实其感性的成分比其他人更强烈。

类比：介于软性思维与硬性思维之间

所谓类比，就是由两个对象的某些相同或相似的性质，推断它们在其他性质上也有可能相同或相似的一种推理形式。类比是一种主观的不充分的似真推理，因此，要确认其猜想的正确性，还须经过严格的逻辑论证。

类比本质上是一种推理过程，它把不同的两个(两类)对象进行比较，根据两个(两类)对象在一系列属性上的相似，而且已知其中一个对象还具有其他的属性，由此推出另一个对象也具有相似的其他属性的结论。

例如：A 对象具有属性 a、b、c，另有属性 d，B 对象具有属性 a、b、c，那么可推论，B 对象也可能具有属性 d。

类比的结论是或然的，有可能正确，也可能不正确。类比的结论之所以具有或然性主要是由于以下两方面的原因。

一方面是因为对象之间不仅具有相同性，而且具有差异性。就是说，A、B 两对象尽管在一系列属性(a、b、c)上是相似的，但由于它们是不同的两个对象，总还有某些属性是不同的。如果 d 属性恰好是 A 对象异于 B 对象的特殊性，那么我们作出 B 对象也具有 d 属性的结论，便是错误的。例如地球与火星尽管在一系列属性上有很多相似处，但是地球上有生物，能不能说火星上也有生物呢？不能，因为火星还有不同于地球的特殊性。航天科学考察表明，火星上并未发现什么生物。

另一方面，对象中并存的许多属性，有些是对象的固有属性，有些是对象的偶有属性。比如血液循环是人体的固有属性，而吃鸡蛋过敏是个别人身上的偶有属性。不能因为某人吃鸡蛋过敏，就类推出另一个人吃鸡蛋也过敏。

作为一种推理方法，类比既不同于演绎推理从一般推导到个别，也不同于归纳推理从个别推导到一般，而是从特定的对象或领域推导到另一特定对象或领域的推理方法。它具有一定的客观性，也具有一定的主观性，因而是介于软性思维与硬性思维之间的一种思维形式。

视 频 资 源

思维训练经验介绍 1　　思维训练经验介绍 2　　思维训练经验介绍 3　　思维训练经验介绍 4

学 习 心 得

课后练习

一、单选题

1. 软性思考不包括(　　)。

A. 逻辑思维　　B. 形象思维

C. 联想思维　　D. 直觉思维

2. 创意的萌芽阶段需要(　　)。

A. 严密的分析与推理　　B. 大量的知识储备

C. 周密的计划与实施　　D. 信马由缰式的发散思维

3. 进行软性思维时，可以采取什么方法?(　　)

A. 做一个异想天开的假设

B. 寻找两个不相关的事物之间的相似性

C. 闭上眼睛想象

D. 以上都可以

4. 关于软性思维的描述，下列哪项是错误的?(　　)

A. 灵感来临时常伴有一声"啊哈"　　B. 直觉大多是不靠谱的

C. 形象思维与联想思维有相似之处　　D. 想象中往往带有虚构的成分

5. 关于联想的描述，下列哪项是错误的?(　　)

A. 联想是心理学家较早研究的一种心理现象

B. 联想一般有四种规律：相似联想、对比联想、因果联系、接近联想

C. 联想又可分为近距离联想和远距离联想

D. 近距离联想与创新关系密切

6. 在创意的萌芽阶段，哪种思维并不十分合适?(　　)

A. 逻辑思维　　B. 联想思维

C. 直觉思维　　D. 灵感与顿悟

二、判断题(请在下面的句子后面的括号内打√或打×)

1. 在创意的形成过程中，逻辑思维毫无用处。(　　)

2. 创新思维有时需要容忍一定程度上的模糊和模棱两可。(　　)

3. 任何事物之间都有相似处与不同处，只要你懂得运用软性思维。(　　)

4. 软性思维的结果未必能直接成为解决问题的方法，但可以成为产生创意的基础。(　　)

5. 软性思维是非逻辑思维的总称。(　　)

6. 软性思维是人类思维优于智能机器人的重要方面。(　　)

三、思考题

1. 假如你身边有一位智能机器人同学会怎样?

2. 你能用 PPT 中的"插入—形状"功能完成一幅想象中的图画，并为它命名吗?

教师指引参考

一、教学目标

1. 了解什么是软性思维，以及软性思维在创新中的作用。
2. 熟悉软性思维与硬性思维的区别，以及软性思维的几种常见类型。
3. 掌握几种常用的软性思维基本方法。
4. 完成软性思维练习，创作软性思维作品。

二、教学建议

1. 热身游戏

教师上课时可先让学生做两个热身游戏。

游戏一：请从下面的词中选出你认为的软性的词和硬性的词。

逻辑	理性	音乐	诗歌	物理	机械	推理	猜想
想象	灵感	论文	舞蹈	情感	测量	估计	男人
女人	成人	儿童	公式	相声	操作	模糊	大概
清晰	确定	计划	条理	混乱	随意	单纯	复杂

游戏二：请从下面的图形中挑出你认为软性的图形和硬性的图形(如图 5.3)。

图 5.3　软性图形和硬性图形识别

2. 相似性练习

教师可任选两个看上去完全不同的事物，让学生寻找它们之间的相似性，并进一步激发创意。如人和铅笔，狗和车，猫和冰箱，等等。

以白纸和手机为例，可先让学生独立思考这两者之间的相似性，再以小组头脑风暴、智慧墙、思维导图等方式寻找更多的相似性。

例如可以像图 5.4 一样，边画思维导图边思考。

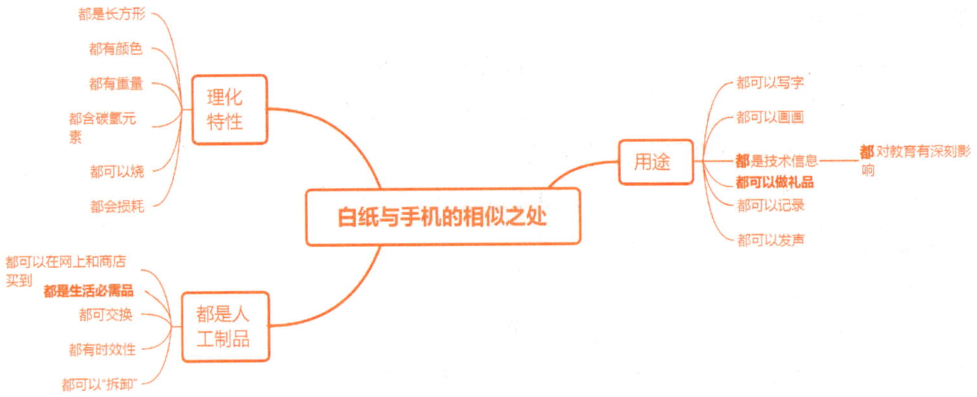

图 5.4　白纸与手机相似之处的思维导图

3. "假如"练习

教师可以引导学生思考假设性问题，例如在上面的练习之后，继续引导学生思考：假如把手机做成白纸那样，会怎样？

手机会变得更轻更薄

手机可以弯曲折叠

手机屏幕会更大

手机可以"撕"成两半，一半是键盘，一半是屏幕

手机可以"复印"

手机可以"贴"在墙上

手机可以像纸一样自然降解

……

然后继续问学生：如果让你们开发一款像纸一样的新型手机，会怎样？并告诉大家，事实上，现在市场上已经开始出现各种像纸一样薄，而且可以弯曲折叠的"纸手机"了。

4. 想象力练习

1）库亚夫斯基的 TCI 测验

教师按照图 5.5，要求学生在 30 分钟内画出尽量多的图形，超过 16 种元素的不算，没有命名的不算，完全模仿的不算。

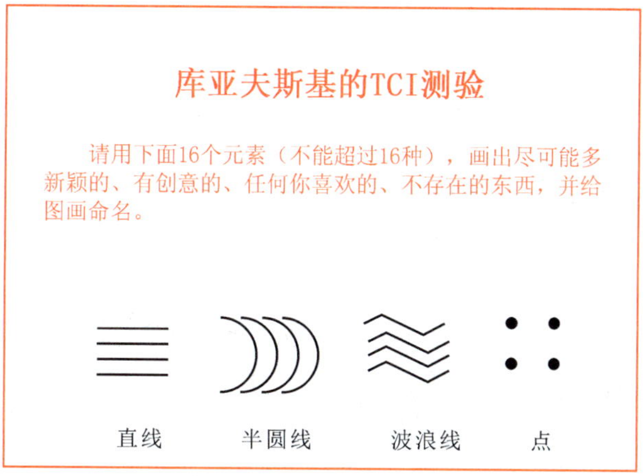

图 5.5 库亚夫斯基的 TCI 测验

做这类练习时，教师可先进行示范，如图 5.6、图 5.7、图 5.8 所示。

风景系列

图 5.6 一行白鹭上青天

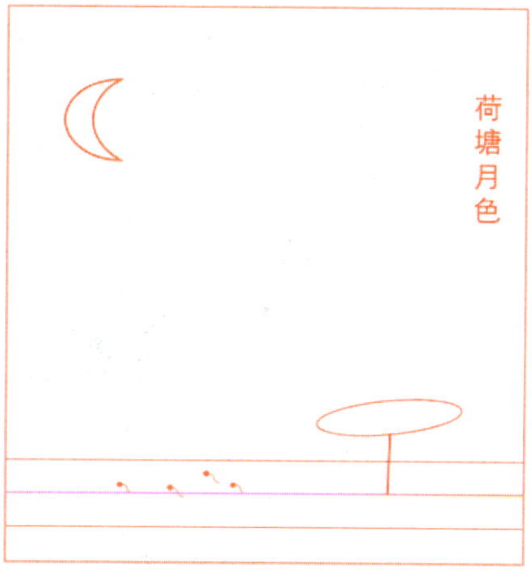

图 5.7 荷塘月色

混合系列

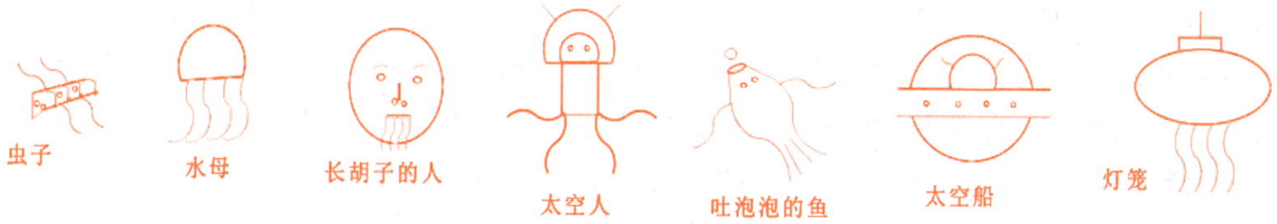

图 5.8 混合图

2）用 PPT 软件中的“形状”工具创作图形

PPT 软件的“插入—形状”菜单中有很多简单的线条和形状，教师可要求学生利用它们创作想象中的图画，并给予有意义的命名，如图 5.9 所示。

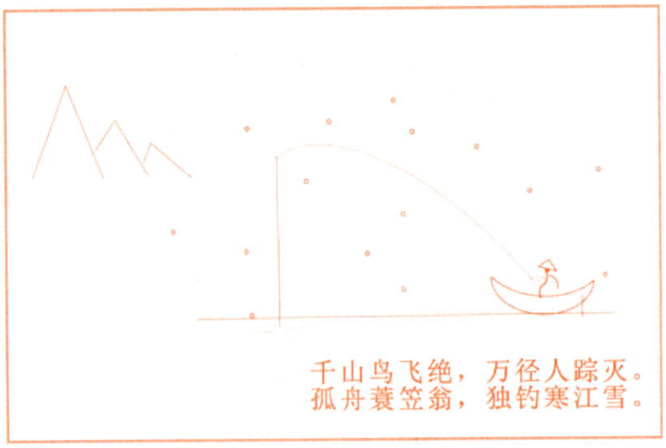

图 5.9　创作图形

3）用思维导图“画”古诗

思维导图是一种发散思维与创新思维工具，利用思维导图的绘图规则和图形图像特点，可以“画出”每个人心目中的古诗。请先看下面这首思维导图“画”的古诗，如图 5.10 所示。

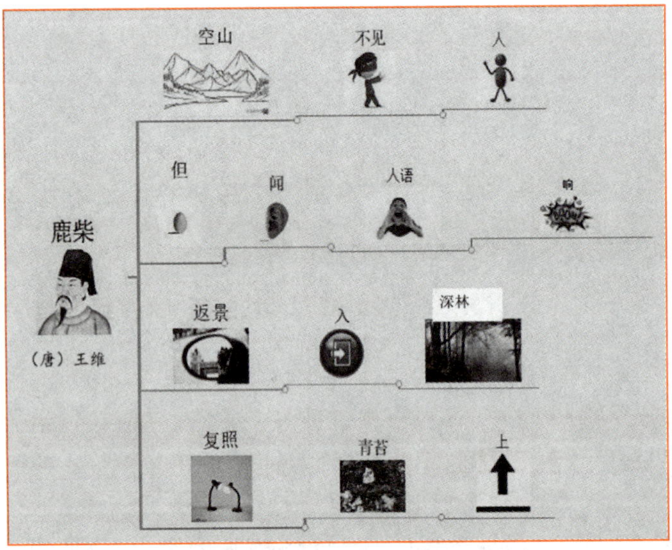

图 5.10　用思维导图“画”古诗

从图 5.10 可以看出，用思维导图“画”古诗，要求充分利用联想、隐喻、形象思维、象征等软性思维方法。例如下图这首诗中，“空山”“人”“深林”等词语采用的是形象思维的表现手法，“不见”“人语”“响”“返景”“复照”等词语采用的是隐喻的表现手法，“但”“闻” 等词采用的是联想(声音联想和形象联想)的表现手法，“入”“上”等词采用的是图示的象征手法。

用思维导图“画”古诗，可采用手绘的方法，即用彩色铅笔画出思维导图图形和简笔画，也可以用计算机作图软件来画，图片可通过网络搜索获得。

第6章　强制联想及其他

【本章要点】

1. 什么是强制联想？
2. 为什么要进行强制联想？
3. 如何进行强制联想？
4. 还有哪些激发创造力的方法？
5. 其他激发创造力的方法与“三板斧”的关系。

6.1　强制联想

联想本是指由于某人或某种事物而想起其他相关的人或事物，由某一概念而引起其他相关的概念。强制联想就是选择两种或两种以上的事物或名词，强行将它们联系起来进行思考，从而联想到更多的事物或词句，并激发新创意。强制联想是激发创造力的“第三板斧”。

创造心理学研究发现，创新思维的本质往往就是二元联想。例如孙悟空是人和猴子二元联想的结果，猪八戒是人和猪二元联想的结果，狮身人面像是人和狮子二元联想的结果，人头马是人和马二元联想的结果，等等。

不仅文艺创作如此，很多发明创造也如此。例如带抽屉的楼梯，就是将楼梯与抽屉二元联想的结果；带刻度的腰带，就是将卷尺与腰带二元联想的结果；走路时能发声、发光的童鞋，就是将声音、亮光与童鞋二元联想的结果。这样的发明创造有很多。

强制联想，就是有意识地利用二元联想的原理，将两种或两种以上看上去风马牛不相及的人或事联系起来，从而激发创意的思维方法。

6.2　为什么要进行强制联想

人的思维容易受心智模式影响，难以摆脱思维定式，甚至不知道妨碍思维创新的心智枷锁到底是什么，到底在哪里？即使你反复想、不停想也无济于事。这就好像一辆车的轮子在泥地里打滑，即使加大油门也还是开不出泥坑，反而会越陷越深。这时你需要找一根绳子，将车子与另一辆车连起来，让那辆车把你的车拉出去。强制联想就是一种将陷进思维定式、原地转圈的思维“拉”出来的方法。

强制联想可产生多种形式的结果。第一种是发现两种人或事物之间的相似性，从而激发创意。如第 5 章软性思维中寻找相似性就是这样一种类型。第二种是人为制造相似性。很多仿生机器其实就是通过对动植物的模仿，所制造出来的与动植物具有类似功能或形态的机器；一些文艺作品将动植物做拟人化的处理，或者将人比喻成某种动植物，也是将动植物和人进行强制联想的结果。第三种结果是将两种事物有机连接起来，组成一种新的事物。例如将婴儿车与滑板车连接起来，可制作出滑板婴儿车，大人可以一边玩滑板一边推动婴儿车行走；将传统的仅用于通信联络的手机与微型计算机以及照相机等联系起来，就发明了现在可上网、可摄录的智能手机，等等。第四种结果是通过在两事物之间进行类比、连接等多种方式，而产生复杂的、综合性的创新成果，这一种类型将在下文中通过强制联想创作诗歌或发明新产品进行介绍。

6.3 如何进行强制联想

进行强制联想，首先要考虑的是，在哪两个（或两个以上）人或事物（概念）之间进行联想。理论上强制联想可在任意两个事物或概念之间进行，但实际上就激发创意的效果而言，选择不同的事物，最后的结果会有很大的差别。

一般来讲，两个事物或概念差别越大、距离越远，强制联想的效果越好，越容易产生意想不到的结果。如果两者都是同类事物，如手机与照相机，手机与微型电脑，都属于电子产品类，则它们可以进行简单的功能叠加；如果两者是不同类型的事物，如人与机器、人与动物，属于不同种类，则可在两者之间进行模仿与类比；如果两者之间是实与虚、抽象与具体的关系，则可进行重构创新。如笔者曾将教育与植物嫁接进行强制联想，提出了知识嫁接学说；通过草地、名片、月饼等具体实物，与爱情、人生等抽象事物进行强制联想，创作出一组诗歌等。

进行强制联想时，最好先将两个事物根据属性、功能等进行细致的拆分，然后再一一进行联想。如果是文艺创作，可先对两个概念（名词）进行自由联想，然后再将联想到的概念或词语进行一一交叉联想，以激发创意。

6.4 其他激发创造力的方法

1. 移植、借鉴

移植与借鉴，是指将一个领域的原理、方法、模式等，与另一个领域的问题解决进行有机联系，从一个领域里“盗取”构想，运用到另一个领域的激发创意方法。例如百货超市的运营，采用将各种日常物品集中摆放在同一个商店的货架上，让顾客自己挑选，从而达到方便顾客一次采购齐全的目的。而过去行政部门分散在不同的地方办公，老百姓有时为办一件事需要跑很多地方，开很多证明，盖很多公章，很不方便。后来很多地方政府借鉴超市运营模式，将一些与老百姓办事相关的部门集中在一个大的服务中心里办公，给老百姓提供一站式服务。这种集中办公模式被称为“政务超市”。

移植与借鉴本质上也是强制联想的方法之一，是将一个领域的完整构思，迁移或复制到另一个领域中，以人为制造相似性的过程。

2. 简化思维

简化思维是指一种聚焦核心问题，从结果或最终目标反推，以避开其他纷繁复杂因素的干扰，实现化繁为简、问题解决的思维方法。

当我们遇到一个有很多复杂因素在内的问题时，常常会感到手足无措、毫无头绪，不知从何处下手。这时，简化思维可能不失为一种激发创意、解决问题的办法。

例如我国改革开放初期，对于社会主义国家到底能不能搞市场经济，思想理论界存在很多争论，众说纷纭、莫衷一是。这时，邓小平同志提出了一个问题：我们搞社会主义的最终目的是什么？不就是为了解放生产力，实现共同富裕，让老百姓都过上好日子吗？既然如此，那么所有能够解放生产力、提高老百姓生活水平的手段和方法就都可以用。“计划和市场都是经济手段”，既然是手段，那么只要能解放生产力、发展经济，让老百姓过上好日子，就都可以用。就这样，邓小平用简化思维的方法，从最终目的出发开始思考，从而说服了大家，平息了这场争论。

简化思维最重要的做法就是要找到问题的源头和我们最终的目标，回归我们的“初心”，抛开一切枝节性问题，把思考聚焦在最核心的问题上，用最简单直接的方法解决问题。为了解决核心问题，还可以从历史以及他人或自己的经验中汲取灵感和创意。

我国著名画家齐白石善于画虾。他画虾很有特点，不是将虾以及虾所处的环境事无巨细都画出来，而是用寥寥几笔就画出了虾的动作神态，连水都省略了，反而更显出水的清澈和虾的灵动。这里就运用了简化思维。

无独有偶，不少诗人和艺术家也利用简化思维创作他们的作品。例如美国意象派诗人庞德，曾经创作过一首名为《在地铁车站》的诗歌。开始时诗歌有数十行之多，描写了地铁车站的许多场景，显得重点不突出。后来他不断删减，最后浓缩为两句，成为意象派诗歌的代表作：

人群中那几张脸幽灵般地闪现
湿漉漉的黑树枝上的几朵花瓣

——庞德《在地铁车站》

我国著名诗人卞之琳创作过一首名为《断章》的诗歌，最初也是一首比较长的诗歌，后来删减为两小段：

你站在桥上看风景
看风景人在楼上看你

明月装饰了你的窗子
你装饰了别人的梦

——卞之琳《断章》

简化思维也是转变思考方向的一种。我们在大多数时候会按照事物呈现的多个方面去思考，被事物的自然进程牵着鼻子走，容易把问题复杂化、枝节化，陷入思维的泥沼而不能自拔。简化思维则反其道而行之，从最根本的目的、最初的目标入手，抓住关键对问题进行简化处理，从而找到解决办法。这是一种逆向思维的方法。

本书第 4 章逆向思维练习中的例题 1 就可以运用简化思维方法来解决。

从前有个农夫，死后留下一些牛。他在遗书中写道：妻子得全部牛的半数加半头；长子得剩下的牛的半数加半头，正好是妻子所得的一半；次子得还剩下的牛的半数加半头，正好是长子所得的一半；长女得最后剩下的牛的半数加半头，正好是次子所得的一半。结果一头牛也没杀，也没剩下。问农夫总共留下了多少头牛？

这道题如果顺着题目描写的方向去思考，会觉得非常复杂，可能需要用数学方程式来解。比如设总共有 X 头牛，妻子得了 Y 头牛，那么长子就得了(X－Y)/2＋0.5 头牛，次子就得了……你发现这样列下去会很复杂。如果采用简化思维会怎样呢？我们倒过来从最后结果反推，最后既然一头牛也没杀，也没剩下，那么我们可以判断长女至少分到了 1 头牛。那么，次子就应该分到了 2 头，长子应该分到了 4 头，妻子应该分到了 8 头，总共应该有 1＋2＋4＋8＝15 头牛。再参照题目的分配方案，正好符合。这个问题就这样轻松解决了。

3. 打破规则

打破规则是指一种大胆改变原有规则，以寻求创新与突破的思维方法。

心理学家曾经描述过一种“爱斯兰现象”：有人有早晨出门散步的习惯。出门不远有一个岔路口，一条向左，一条向右。他每天都习惯性地向右转，一直走到一座民居前才掉头回来。有一天他来到岔路口，正准备往右走，忽然停下来想，为什么我每次总要往右转呢？原来右边那个民居前有一条叫爱斯兰的猎狗，长得非常活泼可爱。他每天都要摸摸它，和它玩一会，然后才心满意足地回家。一个多星期前，那家人搬走了，猎犬也带走了，可他还是天天习惯性地往那边走。今天他意识到情况变了，于是决定往左转，结果发现了更多有趣的事情。回来后他把这个现象总结了一下，并给它取了个名字，叫“爱斯兰现象”。

爱斯兰现象

(1) 我们制定的规则是很有意义的；

(2) 我们遵从这些规则；

(3) 时光流逝，事物变化；

(4) 制定这些规则的原来理由不再存在，而规则仍在，我们继续遵从它。

“爱斯兰现象”在我们生活中经常发生，有时甚至因为形成了习惯而难以更改。例如我们现在用的计算机键盘是由老式的打字机键盘沿用下来的。键盘上的 26 个英文字母不是按照某种顺序自然排列的，而是故意打乱排列的。这是为什么呢？

原来老式的英文打字机是机械的，当你按下一个字母键时，长长的机械臂就把那个字母打在滚筒的纸上。如果打字员速度太快，前面的机械臂还没有弹回来，后面的机械臂又打了出去，很容易碰到一起，铰在一起，要用手才能掰开，非常麻烦。所以有人就在键盘上想办法，故意打乱 26 个字母的排列顺序，把较常用的字母摆在较笨拙的手指下，比如字母“O”是英语中第三个使用频率最高的字母，但却被安排在右手的无名指下；字母“S”和“A”，也是使用频率很高的字母，却被交给了最笨拙的左手无名指和小指来击打。相反，使用频率较低的“V”“J”“U”等字母却由最灵活的食指来负责。这样人为地降低打字速度，以减少机械臂铰在一起的现象。

后来，老式打字机被淘汰了，新一代打字机已经很少会出现“铰键现象”，但大家都习惯了原来那种打字手法，如果再改变反而不适应了，只好将错就错，继续沿用传统的键盘字母排列方法，直到计算机出现也未能改变。

所以，我们要时刻警惕“爱斯兰现象”，在必要的时候要勇于打破规则。遵守规则并没有错，大多数时候遵守规则都是有好处的。但我们也需要经常反思：这个规则是在什么情况下制定的？现在是否还适用？可不可以被打破？打破规则本质上属于转变思考方向中的逆向思维。下面介绍两个打破规则、实现突破的案例。

众所周知，诗歌是一种特殊的文体，很讲究合仄押韵，每一行的字数不能太多，还要求大致相等。不仅中国诗歌如此，外国诗歌也一样。美国伟大的民主诗人惠特曼却打破常规，创造出一种自由诗体。在惠特曼之前，美国文学深受英国文学的影响，有很严格的规范。很多人把英诗的规范视为金科玉律。但惠特曼向所有这些金科玉律挑战，创作出一种毫无传统韵律、由长长的排比句式组成的自由诗体，形成了独特的美国风格和美国气派，从而使美国文学第一次登上世界舞台。他的《草叶集》成为世界文学名著，并深深影响了一代又一代诗人。

另一个案例出自中国国家大剧院的建筑设计。在国家大剧院设计方案招标中，主办方曾提出三个设计原则：

一看就是一个大剧院

一看就是中国的大剧院

一看就是天安门附近的大剧院

这无非是表示要尊重传统。当时很多国内外设计师纷纷拿出了许多仿照周边建筑的设计方案。但法国建筑设计师保罗·安德鲁想法却与众不同。安德鲁沿着天安门前的长安街走了一回后发现，这里既有明清时代的建筑，也有新中国成立后苏联式的建筑，可见传统是随着时代的变化而变化的。于是安德鲁将那三条设计规则置之脑后，别出心裁地设计了一个漂浮于水面上“鸟蛋”式建筑。从外观看剧院的穹顶像个浮在水面上的“蛋壳”，而“蛋壳”里面的剧院就是“蛋黄”，观众从大剧院进进出出，象征着不断孕育的新生命。这个颇具“未来”感的设计，最终在数百件设计方案中脱颖而出，完全改变了原定的设计规则，为传统赋予了崭新的内涵。

4. 发明创造技法

有很多讲创新思维的书中介绍过的许多发明创造技法，其实从原理上基本都离不开激发创造力“三板斧”的范畴。发明创造技法中的第一项“智力激励法”，又名头脑风暴法，本质上就是转变思考方向，通过大家思想火花的碰撞，互相激发以产生更多的思考方向。

又比如发明创造技法中的“检核目录法”，实际上就是通过提供一些思考框架，帮助大家转变思考方向。例如：

1）框架一

能否他用（如利用保温瓶的热气对人体理疗）

能否借用（如借用电热壶原理制造新保温瓶）

能否改变（如按照消费者心理改造保温瓶）

能否扩大（如扩大瓶盖容积，用来装茶叶）

能否缩小（如开发小型保温瓶，便于携带）

能否代用（如用不锈钢代替玻璃制造保温瓶）

能否调整(如造型多样化打造新潮流保温瓶)
能否颠倒(如用旋转支架使瓶倒转便于倒水)
能否组合(如与空气净化器组合在一起)

2) 框架二

加一加(高、厚、多、组合)
减一减(轻、少、省略)
扩一扩(大、展)
缩一缩(压缩、缩小)
变一变(形状、颜色、气味、声音、次序)
改一改(缺点、不足、不便)

3) 5W1H 法

"5W1H 法"则提供了另一个转变思考方向的框架:

为什么(why)
做什么(what)
何人(who)
何时(when)
何地(where)
如何(how)(how to, how much)

4) 组合法

"组合法"则属于强制联想的范畴,如:

(1) 功能组合法(如楼梯与抽屉、卷尺与皮带的组合);

(2) 形态组合法(如人头马商标);

(3) 优势组合法(如将纸张轻薄可降解的优点与智能手机功能强大的优点进行组合开发出新型手机);

(4) 对抗组合法(如将两种不同功效的药物组合在一起,通过功能的拮抗以减少彼此的副作用);

(5) 主体添加组合法(如在圆珠笔头上安上橡皮头,在电风扇中添加香水盒,在摩托车后面的储物箱上装上电子闪烁装置);

(6) 同物自组法(如可以同时贮放冷热两种饮料的双胆气压式保温瓶,双人或三人自行车)。

5) 列举法

"列举法"也是一种帮助产品开发者转变思考方向、进行发散思维的方法,包括:

特性列举法(名词特性、形容词特性、动词特性);
缺点列举法;
希望列举法;
要素列举法;
……

6) 反向发明法

"反向发明法"运用的是转变思考方向中的逆向思维方法,包括反转型逆向构思法(功能反转、结构反转、因果反转、顺序反转、方法反转)、转换型逆向构思法和缺点逆用构思法(缺点利用、将错就错)等。

7) 类比联想法和模仿法

“类比联想法”和“模仿法”则属于软性思维和强制联想的范畴，前者包括直接类比联想法、间接类比联想法、拟人类比联想法、因果类比联想法等；后者如仿生法(原理仿生、功能仿生、因果仿生、结构仿生)、人体功能模拟法(如人工股骨头)、移植法(原理移植、整体移植、方法移植、变形移植、系类移植)、自然探索法等。

总之，你只要掌握了激发创造力“三板斧”的基本原理，其他方法都大同小异，不过是这些基本原理的具体化罢了。

课外阅读

TRIZ 理论

TRIZ 理论(Theory of the Solution of Inventive Problems，TSIP)是前苏联学者根里奇·阿奇舒勒创立的，被译为“发明问题解决理论”，俄语缩写“ТРИЗ”，按 ISO/R9－1968E 规定，转换成拉丁文为 Teoriya Resheniya Izobreatatelskikh Zadatch，TRIZ 是其拉丁文的词头缩写。

“TRIZ 之父”根里奇·阿奇舒勒(Genrikh Altshuller)，1926 年 10 月生于前苏联乌兹别克的塔什干(Tashkent)，14 岁时就获得了首个发明专利，作品是水下呼吸器，即用过氧化氢分解氧气的水下呼吸装置成功解决水下呼吸问题。15 岁时他制造了一条装有使用碳化物作燃料的喷气发动机的船。成年后阿奇舒勒在前苏联里海海军的专利局工作。在研究世界各国著名的发明专利过程中，他总是思考这样一个问题：当人们进行发明创造、解决技术难题时，是否有可遵循的科学方法和法则？答案是肯定的！阿奇舒勒发现，任何领域的产品改进、技术变革和创新，都是有规律可循的。人们如果掌握了这些规律，就能能动地进行产品设计，并预测产品的未来趋势。1946 年，阿奇舒勒开始了发明问题解决理论的研究工作，通过研究成千上万的专利，他发现了发明背后的模式，并形成了 TRIZ 理论的原始基础。

以后数十年中，阿奇舒勒致力于 TRIZ 理论的研究和完善。在他的领导下，前苏联的研究机构、大学、企业组成了 TRIZ 的研究团体，分析了世界近 250 万份高水平的发明专利，总结出各种技术发展进化遵循的规律模式，以及解决各种技术矛盾和物理问题的创新原理和法则，建立起一个由各种技术、方法、算法组成的综合理论体系——TRIZ 理论体系。

最初，该理论对其他国家保密。20 世纪 80 年代中期，随着一批前苏联科学家移居美国等西方国家，逐渐把该理论介绍给世界产品开发领域，对该领域产生了重要的影响。

现代 TRIZ 理论体系主要包括以下几个方面的内容。

1. 创新思维方法与问题分析方法

TRIZ 理论中提供了如何系统分析问题的科学方法，如多屏幕法等；而对于复杂问题的分析，则包含了科学的问题分析建模方法——物—场分析法，它可以帮助快速确认核心问题，发现根本矛盾所在。

2. 技术系统进化法则

针对技术系统进化演变规律，在大量专利分析的基础上，TRIZ 理论总结提炼出八个基本进化法则。利用这些进化法则，可以分析确认当前产品的技术状态，并预测未来发展趋势，开发富有竞争力的新产品。

3. 技术矛盾解决原理

不同的发明创造往往遵循共同的规律。TRIZ 理论将这些共同的规律归纳成 40 个创新原理，针对具体的技术矛盾，可以基于这些创新原理，结合工程实际寻求具体的解决方案。

4. 创新问题标准解法

创新问题标准解法针对具体问题的物—场模型的不同特征，分别对应有标准的模型处理方法，包括模型的修整、转换、物质与场的添加，等等。

5. 发明问题解决算法

发明问题解决算法(ARIZ)主要针对问题情境复杂、矛盾，相关部件不明确的技术系统。它是一个对初始问题进行一系列变形及再定义等非计算性的逻辑过程，实现对问题的逐步深入分析，问题转化，直至问题的解决。

6. 基于物理、化学、几何学等工程学原理而构建的知识库

基于物理、化学、几何学等领域的数百万项发明专利的分析结果而构建的知识库，可以为技术创新提供丰富的方案来源。

TRIZ 理论主要应用于工程技术领域，对新产品开发、新技术发明有一定的促进作用。它试图将工程技术与物理方面的问题解决方法体系化、模式化，其中隐含了一些突破思维定式、激发创新思维的原理和方法。但如果试图用一种机械的方法解决所有的创新创造问题，显然是不现实的，也是违反创新原理和发明创造规律的。TRIZ 理论体系庞杂、琐碎，理解和掌握起来有一定难度，也限制了它的进一步应用与发展。

视频资源

用四巧板强制联想作诗

学习心得

课后练习

一、单选题

1. 关于强制联想的描述，哪一项是错误的？（　　）

A. 在两个看上去无关的事物之间寻找内在联系

B. 对两个事物或概念进行细致拆分，再进行强制连接

C. 用两个词进行自由发散联想，然后再进行词与词之间的搭配与重组

D. 发现两个事物之间的不同

2. 进行强制联想的目的是（　　）。

A. 追求事物的新颖性　　B. 喜欢别出心裁

C. 突破思维定势　　D. 把两个不同事物重组在一起

3. 强制联想与下列哪种原理密切相关？（　　）

A. 相似联想　　B. 接近联想

C. 二元联想　　D. 对比联想

4. 强制联想的两个事物（　　）。

A. 越相似越好　　B. 差别越大越好

C. 最好是同一类事物　　D. 要有可比性

5. 进行强制联想时，最好（　　）。

A. 先找出两个风马牛不相及的事物

B. 对两个事物进行细致的拆分

C. 再对两个事物拆分的元素一一强制联系

D. 以上都包括

6. 关于其他激发创造力方法的描述，哪一项是错误的？（　　）

A. 移植与借鉴本质上是强制联想　　B. 简化思维本质上是逆向思维

C. 检核目录法是为了软性思维提供框架　　D. TRIZ 理论主要用于开发新技术产品

7. 爱斯兰现象提示我们（　　）。

A. 遵守规则是没有必要的

B. 当制定规则的理由不复存在时应该敢于打破它

C. 没有永恒不变的规则

D. 规则是无意义的

8. 运用简化思维的方法是（　　）。

A. 从根本目标出发开始思考　　B. 不考虑细枝末节问题

C. 聚焦核心问题　　D. 以上都是

9. 移植与借鉴是指（　　）。

A. 将一个事物与另一个事物对接起来

B. 将一个领域的原理、方法或构想运用到另一个领域之中

C. 将一个事物的一部分挪到另一个事物中去

D. 以上都不对

10. 关于连接思维的描述哪一项是不正确的？(　　)

A. 将一个事物与另一个事物有机连接起来，组成一个新的整体

B. 其本质是二元联想

C. 彼此连接的两个事物必须有相似性

D. 是很多发明创造的典型方法之一

二、判断题(请在下面的句子后面的括号内打√或打×)

1. 一般来说，两个事物或概念之间的距离越远，强制联想的效果越好。(　　)

2. “互联网＋”这一概念的提出，就是希望通过将各行各业与互联网进行强制联想，以激发创新创业。(　　)

3. 强制联想只能在两个事物之间进行，不能同时在三个事物之间进行。(　　)

4. 比喻就是在两个不同事物之间进行强制联想以发现它们的相似性。(　　)

5. 二元联想是创新思维的本质之一。(　　)

6. 强制联想是一种硬性思维。(　　)

7. 仿生学原理利用的就是移植与借鉴思维。(　　)

8. 有创新思维的人应该留心自己专业领域之外的事物。(　　)

9. 发明创造既可以“做加法”也可以“做减法”，例如从某件产品中去掉一部分也可能成为一个新产品。(　　)

10. 简化思维不等于简单思维。(　　)

11. 过于循规蹈矩不利于创新。(　　)

12. 凡事一定要按照程序去做。(　　)

13. 复杂的问题需要复杂的方法才能解决。(　　)

三、思考题

1. 请用“爱情”和“风筝”进行强制联想，创作一首诗或歌词。

2. 请将两个现成的物品强制联系起来，发明一种新的产品。

3. 想一想，现实中哪一些规则已经过时，哪一些规则可以打破？

教师指引参考

一、教学目标

1. 了解什么是强制联想？为什么要进行强制联想？

2. 了解强制联想与二元联想和创新思维的关系。

3. 掌握强制联想的基本方法。

4. 了解其他激发创造力的方法以及它们与“三板斧”的关系。

5. 完成强制联想练习和用强制联想创作作品。

二、教学建议

1. 思维导图强制联想作诗法

第一步，准备一张 A4 纸，从中间对折然后打开。

第二步，在对折线的两边各写上一个名词，最好一个是关于具体实物的名词，另一个是关于抽象事物的名词。例如“沙滩”和“爱情”。这是一次我在海边沙滩上漫步时想到的两个词。

第三步，一边围绕上述两个词进行自由联想，一边用思维导图形式将想到的任何词一一记录下来，见图 6.1。

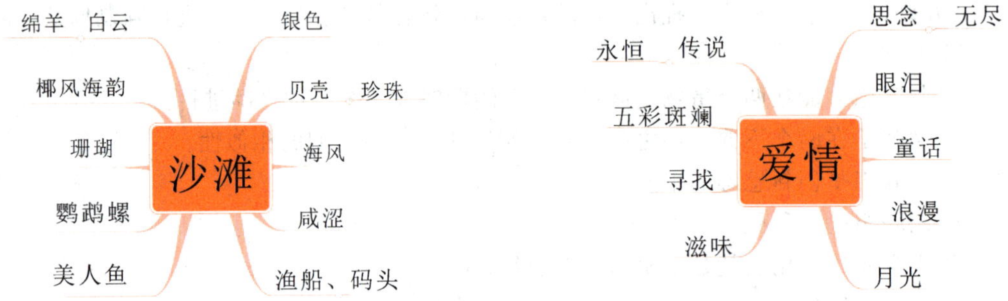

图 6.1 用思维导图强制联想作诗

第四步，用眼睛盯着图中的词，在心里一一将它们连接起来造句，记下任何带有诗意的句子。例如银色、沙滩、思念，可连成“在银色的沙滩上我想你”这样的句子，这里“思念”已经转化为“我想你”，以此类推。很快，一首诗就诞生了。注意，要大胆运用想象力，尽可能将大部分的词都用上，不必过于拘泥于逻辑与语法，这样更容易突破思维定式，产生意想不到的效果。

海边的思念

（爱情＋海滩的联想）

在银色的沙滩上我想你
当月亮像半边贝壳缀在天边
海风把咸涩的滋味灌满我眼
我把眼泪噙成粒粒珍珠
用月光串起为你挂在胸前

在渔船倾侧的码头我想你
当渔女唱起锈蚀的咸水歌
我捧起雪白的细沙像捧起绵云
滚滚的绵云仿佛无尽羊群
我在椰风海韵中将你追寻

在大海深处的死胡同我想你
当七彩的鱼吻着睡着的珊瑚
鹦鹉螺是我们的童话小屋

我是龙王你是我的美人鱼
我们一同在古老传说中永住

用思维导图强制联想作诗，是一种屡试不爽的方法。在课堂上大部分同学都可以完成自己的诗作，少数人需要下课后才能完成。在作诗前要尽可能营造一种诗情画意的课堂氛围，鼓励学生大胆创作。教师可先进行示范，然后指定两个词，或让学生任选两个词进行创作。这些词应该是与学生的生活相贴近的，容易引起他们产生丰富联想和调动他们情感的，而不涉及他们不熟悉的内容。如“爱情＋手机”“白纸＋人生”“密码＋暗恋”等。用这种方法也可以写出散文或散文诗。

2. 思维导图强制联想作文法

第一步，先拟定一个主题，如“中秋”，把它写在白纸的正中。

第二步，围绕这个主题词展开自由联想，将想到的词以思维导图的形式记下来。

第三步，用想到的词作为检索词，在网上检索相关图片，将它们插入相应的位置，如图 6.2。

第四步，眼睛盯着思维导图中的文字和图片，用强制联想的方法，像小学生看图说话那样构思故事，一篇颇具穿越感的文章或故事就完成了。

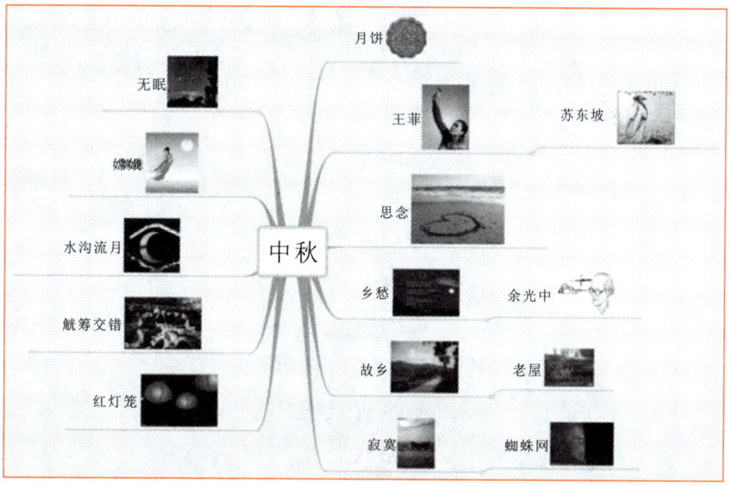

图 6.2　思维导图联想

中　秋

王菲独自一人在海边徘徊。用脚在沙滩上画了一个大大的心形。海浪不断冲上沙滩，一次又一次把那个心形抹去，她又用高跟鞋的尖尖一次次重画。她终于累了，就走到岸上的一棵椰树下坐下，仰头望着圆满的月亮。

她望着月亮里的阴影，不由得想起了故乡的小路。小路的尽头通向一座破旧的老屋，老屋的屋梁上挂着大大的蜘蛛网，那是她出生的地方。她忽然想回到儿时的故乡，回到自己出生的老屋里，非常非常想。她仿佛看到月亮里就有自己的故乡。于是她向月亮下方的海面望去，看到海面上飘着一只小船。

她脱掉高跟鞋，赤脚走向那只小船。她爬上了那只小船，向月亮的方向划去。她划呀、划呀，不知划了多久、划了多远，可是月亮还是离自己很远、很远，一点也没有靠近。

她低头一看，月亮就在水里。就用手去捞，没想到捞起了一个月饼。她正好饿了，就吃起月饼来。不一会，月饼吃完了，她有点困，感觉身体变得轻飘飘的。一阵海风吹过，她居然飘了起来，向月亮的方向飞去。

她越飞越高、越飞越高，身上的衣服也变成了长长的水袖，她变成了飞天的嫦娥，就这么一直飞进月宫里！

她从月宫里往下看，看见地球的另一边有一个水乡。水乡的景色很美，到处都是小桥流水，水里有月亮的倒影。在一座拱桥边，她看到一位瘦瘦的诗人，正在一张宣纸上写下一首新词。她细细一看，那词是这样的：

明月几时有
把酒问青天
不知天上宫阙
今昔是何年
我欲乘风归去
又恐琼楼玉宇
高处不胜寒
起舞弄清影
何似在人间

转朱阁
低绮户
照无眠
不应有恨
何事长向别时圆
人有悲欢离合
月有阴晴圆缺
此事古难全
但愿人长久
千里共婵娟

她觉得这首词写得真好，不由得轻轻哼唱起来。她唱着、唱着，不知不觉睡着了。醒来之后，地球上已过了上千年。她看见大陆边有一个小岛，岛上有一群人在海边的屋子里喝酒，大家频频碰杯，气氛热烈。忽然，一位老者颤颤巍巍地站起来，向大家朗诵了一首自己创作的新诗：

小时候
乡愁是一枚小小的邮票
我在这头
母亲在那头

长大后
乡愁是一张窄窄的船票
我在这头
新娘在那头

后来啊
乡愁是一方矮矮的坟墓
我在外头
母亲在里头

而现在
乡愁是一湾浅浅的海峡
我在这头
大陆在那头

她注意到屋子外面走廊里挂起了红红的灯笼，一群孩子正在放鞭炮。原来人间又在过不知道第几百几千个中秋节了。

3. 用四巧板强制联想作诗法

第一步，学生用四巧板摆出一个或一组图形。

第二步，把一张 A4 纸从中间对折后打开，在对折线的一边写上“四巧板”，另一边任选一个关于抽象事物的名词，例如“人生”。

第三步，围绕这两个词(如“四巧板”和“人生”)进行任意联想，将联想到的任何词用思维导图的形式记下来，如图 6.3 所示。

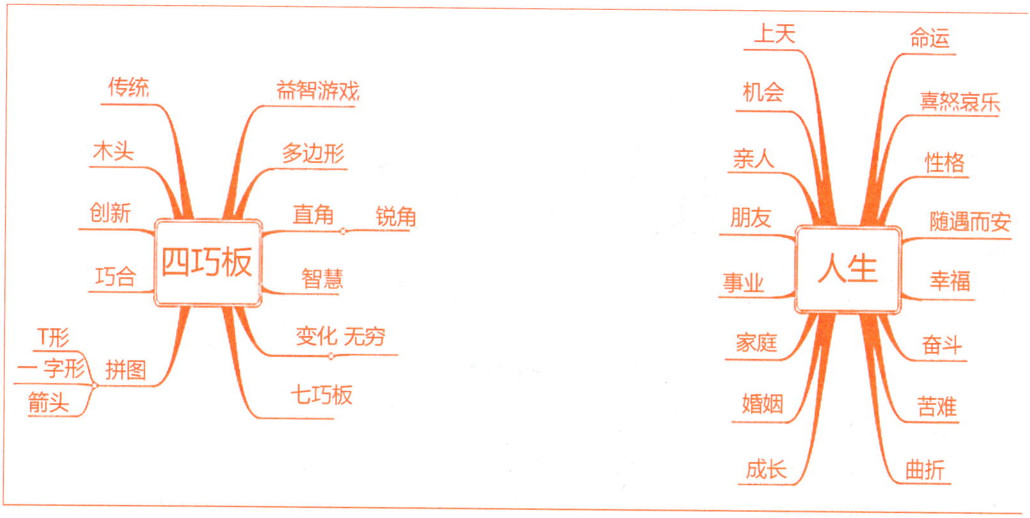

图 6.3　用四巧板强制联想作诗

第四步，根据四巧板图形，与上述随意联想到的词进行强制联想，把想到的句子记录下来，并加以完善。就可以创作出不同的诗歌或文字，如图 6.4～图 6.8 所示。

图 6.4 强制联想创作 1

图 6.5 强制联想创作 2

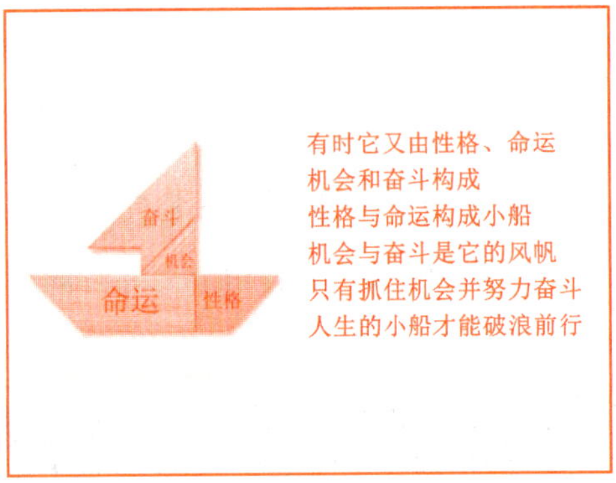

图 6.6 强制联想创作 3

图 6.7 强制联想创作 4

图 6.8 强制联想创作 5

4. 用强制联想开发新产品或新功能

第一步，准备一张 A4 纸，从中间对折然后打开。

第二步，在对折线的两边各写上一个名词，一个是打算开发或利用的产品名称，如“手机”；另一个是我们打算开发的方向，如“学习”。

第三步，围绕这两个词进行拆分，如对“手机”的组成要素进行拆分，对“学习”的活动进行拆分，然而再进行强制联想，找出手机的一些可开发的新功能，见图 6.9。

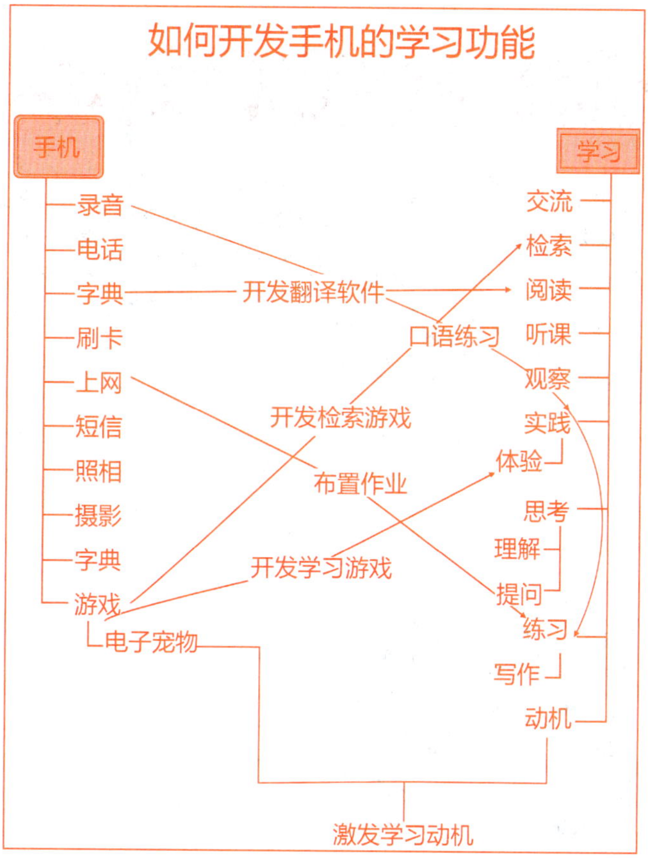

图 6.9　如何开发手机的学习工能思维导图

也可以任选一个词如“恋人”，将“手机”与“恋人”进行拆分和强制联想，结果则可能是这样，见表 6.1。

表 6.1　强制联想案例

恋人 / 手机	好看	听话	有温度	懂我	能帮助我	陪伴	会思考	能鼓励我	忠于我
外形	我喜欢的样子，形状可变化	可根据我的要求，变“胖”或变“瘦”	手机外形可随温度变化		能让其他的人因为喜欢手机的样子而喜欢我			长着一副励志的样子	
内涵	人工智能，聪明，有和我一致的“价值观”								
手感	皮肤的触感		有人的体温，可变化					在我沮丧的时候能握紧我的手	

续表

恋人 手机	好看	听话	有温度	懂我	能帮助我	陪伴	会思考	能鼓励我	忠于我
功能		我让它干什么它就干什么		可与我很好地交流	能为我释疑解难，提供最好的建议	在我孤独的时候，会在我耳边低声私语，或播放音乐	懂很多知识，会和我一起思考，帮助我作决策	能察觉我的情绪，给我鼓励	只听从我的命令，别人拿到时一言不发、守口如瓶
屏幕	屏保是恋人的照片或自己喜欢的图片								
声音	悦耳动听	大小高低可根据我的需要自动调整	能发出恋人的声音，听起来很舒服	声音可根据情况变化					
颜色		能转变颜色以配合我的服饰或心情		我喜欢的色系					
游戏	好看好玩		游戏有真实感	有我喜欢的游戏，可与我互动	在我疲劳的时候，帮助我尽快放松	在我孤单的时候逗我开心	游戏有深度，促进我思考	可通过游戏鼓励我进步、成长	不会让我沉迷于它

从上面的比较中可以发现，强制联想有以下两个特点。

(1) 主题词的选择很关键。选择不同的强制联想的主题词，所能达到的效果是不同的。越是关系密切的词，如“手机”和“学习”，能想到的点子越常规，越普通，有很多可能已经实现了；而越是原来相关性不大的词，如“手机”和“恋人”，就越能激发新的创意，当然实现的难度可能也越大。

(2) 主题词的拆分也很重要。如何对主题词进行拆分，也会极大地影响结果。例如对于“手机”这个物品，到底应该按照“组成要素”进行拆分，还是按照“功能分类”进行拆分？对于“学习”这件事，到底是按学习类型和方式进行拆分为好，还是按学习内容或学习途径进行拆分为佳？事前很难做出准确的判断，必须经过不断尝试以后才能找到答案。

5. 用发明创造技法设计创意作品

采用教程中介绍的发明创造技法设计创意作品，或者对现有产品进行升级改造。

第7章　批判性思维与创新

【本章要点】

1. 什么是批判性思维？
2. 批判性思维与论辩式思维有何异同？
3. 批判性思维的常见误区是什么？
4. 如何开展批判性思维？
5. 批判性思维与创新的关系。

7.1 批判性思维

批判性思维（Critical Thinking）至今没有一个明确的、统一的定义，极易产生歧义、误解，甚至扭曲，从而滑向论辩式思维、诡辩式思维，甚至对抗性思维，但它又是今天这个时代最重要的、最急需的思维方式之一。因此，对批判性思维有一个全面的、正确的认识非常必要。

Critical一词，有鉴定的、临界的、批评的、爱挑剔的、危险的、决定性的、评论的等多种含义，中文常被翻译为“批判性、批判的”。而中文“批判”一词，往往语气比较严重，一般指对被认为是错误的思想或言行批驳与否定，如批判错误言行等。因此，常常导致一些人望文生义，认为批判性思维就是不断地批驳、否定，而且其批驳、否定的对象从来是指向他人，而不包括自己，结果滑向了在大专辩论赛中常见的论辩式思维，甚至诡辩式思维和对抗性思维。

事实上“批判的”（critical）一词源于希腊文kriticos和kriterion，前者含有提问、理解某物的意义和有能力分析等意思，即“辨明或判断的能力”，后者则指标准。从语源上说，该词暗示发展“基于标准的、有辨识能力的判断”。批判性思维就是通过一定的标准评价思维，进而改善思维，是合理的、反思性的思维，既是思维技能，也是思维倾向。

批判性思维最早可追溯至苏格拉底的“助产术”，通过苏格拉底式的提问（或反驳、辩证法），人们被要求澄清他们思考或研究的目的和他们的意思，区分相干和不相干的信息，然后检验其可靠性和来源，揭示习以为常、理所当然的信念背后的假设所包含的不一致性，以探求新的可能答案。

批判性思维的现代起源则来自杜威的“反省性思维”，反省性思维是指“能动、持续和细致地思考任何信念或被假定的知识形式，洞悉支持它的理由以及它所进一步指向的结论”。由此可以看出，批判性思维是一种不断追问是什么和为什么的态度，是一种以正确推理和有效证据为基础，审查、评估与理解事件，解决问题、做出决策的主动的和系统的认知策略（武宏志，2012）。

正因为如此，一些学者建议将 Critical Thinking 译为审辩式思维、评判性思维、明辨性思维等，但大多数人还是按照约定俗成的习惯，称为批判性思维。

批判性思维有三大特征：不懈追问、理性求证、谨慎评判。

不懈追问表现在无论对于何种事物、观点、理论，都要敢于提出质疑，不断追问事实与真相。用马克思的话说，就是要怀疑一切。怀疑一切并不等于否定一切，怀疑只是提出问题，否定则是作出结论。提出问题是完全应该的，草率地作出结论则不符合批判性思维的精神。无论是谁说的，什么时候说的，说的什么，都可以质疑，都应该质疑。质疑的对象不仅是他人，也应包括自己。

理性求证是指对于事实、观点、理论，不是质疑就完了，还应该寻找支持或反对的证据，寻找证据的过程必须符合理性原则。理性原则体现在两个方面：一是逻辑的规范性。就是要求逻辑严密的论证，怀疑和求证要建立在严密的逻辑论证、充分的证据等基础上，而不能想当然，或只凭个人喜好。二是独立自由精神。理性是建立在每个人独立自由思考的基础之上的，而不是迷信权威或者人云亦云，从众思维是对理性的一种放弃。

谨慎评判是要求我们只根据已经掌握的事实和证据作出评论和判断，而不能违背事实和证据做出只符合自己心意、甚至主观臆测的评判。当事实和证据不足以作出评判，或者相互矛盾时，应该悬置评判或只作出部分评判。

7.2 批判性思维的常见误区

批判性思维有两个常见误区：一是把论辩式思维误认为批判性思维，二是将批判性思维等同于逻辑思维。

论辩式思维常见于各种辩论场合，如各种辩论赛中，选手采用的都是论辩式思维。辩论赛分为正反两方，无论正方还是反方，都要求证明己方的观点正确而对方的观点错误。辩论赛以输赢为目的，而不以对错为目的。从表面上看，辩论过程中也要讲逻辑，也要提出例证，也要言之成理，不能胡搅蛮缠，更不能人身攻击，但实际上更多看的是辩手的口才和应变能力，而不追求是非对错。为了赢得辩论，辩手要努力寻找对方的疏漏与逻辑错误，采取攻其一点不计其余的策略，力图在论理与气势上压倒对方；而对己方观点和论证过程中的疏漏和错误则极力回避、曲意回护。辩手要有“站队意识”，即批评与辩论的矛头只能始终对准对方，而不能对准己方。

生活中很多人误把论辩式思维当作批判性思维，他们有先入为主的观念，有强烈的“站队意识”，把批判性思维作为攻击、批评对手的工具，以输赢、面子为目的，展开一场又一场毫无建设性的辩论。所谓“真理越辩越明”其实是有条件的，只有当论辩双方都以追求真理真相为目的，而不以输赢、面子为依归，才会越辩越明，否则只会越辩越糊涂。论辩式思维发展到极端，就变成诡辩式思维和对抗性思维。批判性思维与论辩式思维异同见表 7.1。

表 7.1 批判性思维与论辩式思维异同

比较项目	批判性思维	论辩式思维
目的	追求真知、真相、真理	只求辩赢
方法	不懈追问、理性求证、谨慎评判；不仅质疑对方，也质疑自己	寻找对方的漏洞，攻其一点、不计其余；对己方的问题则极力回避
态度	包容歧见	排斥异己
类似点	强调质疑与批判，注重逻辑与推理	强调质疑与批判，注重逻辑与推理

批判性思维的另一个误区是简单地将批判性思维与逻辑思维划等号。很多从事批判性思维教育的人常常将大量的时间花在形式逻辑的教学上。虽然批判性思维是建立在理性与逻辑基础之上的，其求证过程依赖严密的逻辑和推理，但批判性思维并不等于简单的逻辑思维。批判性思维首先是一种对理性的信念、一种不懈质疑的态度，一种实事求是的精神，逻辑与推理只是其中的求证工具与手段。而且批判性思维不仅仅限于形式逻辑，还包括辩证逻辑等。将批判性思维教学局限在形式逻辑领域，是对批判性思维的窄化与狭隘化。

7.3 如何开展批判性思维

批判性思维包含三个基本环节：质疑、求证、判断。

1. 如何质疑

国外有学者提出 5W1H 法，即从 Who、What、Where、When、Why 和 How 六个方面，对任何新发现或需要讨论的信息进行质疑。

(1) Who(何人)：这是谁说的？路人？名人？当事人？权威人士？思考一下不同身份的人说这件事的可信度如何。

(2) What(何事)：他们说的是什么？这是一个事实(fact)还是一个观点(opinion)？他们说话有足够的根据么？区别事实和观点非常重要，事实是对事情本身的中立客观的描述，不掺杂任何个人看法和主观判断，可作为进一步分析推断的基础；观点则是个人的想法与推论，需要与事实区别对待。很多人在讲述一个事件时，往往会自觉或不自觉地加入自己主观的想法，而其他人很容易将说话人的想法也当作事实的一部分来进行分析和评判。正确的做法是要先小心地将事实与讲述人主观的想法剥离开来，只以事实作为讨论和评判的基础。

(3) Where(何地)：他们在哪里说的这些话？在公共场合，还是私下里？其他人有机会发表不同意见么？想想在不同场合说这个话有什么不同？可信度有多少？

(4) When(何时)：他们什么时候说的？是在事情发生前、发生中，还是发生后？不同时间说这话有没有什么影响？

(5) Why(为什么)：为什么他们会这么说？他们对自己的观点解释得充分么？有没有提供足够的例子和证据？他们是不是有意在美化或丑化一些人？

(6) How(如何):他们是怎么说的?他们说的时候看上去开心么?难过么?生气么?真心么?仅仅是口头表达的,还是写成了文字……

通过上述质疑过程,我们就可以对信息作出初步判断了。

2. 如何求证

在对某种信息(事实或观点)进行质疑之后,我们需要通过进一步求证来证实或证伪某个事实或观点。求证过程按以下几个步骤进行。

(1) 有没有——对方除了提出事实或观点(论点)之外,有没有提供例证(论据)?

(2) 够不够——对方的举例或论证是否足够充分?

(3) 强不强——对方的举例或论证在逻辑上是否严密?是直接证据还是间接证据?是孤证还是多证?

如果信息提供者没有提供必要且充足的证据,我们还需要主动寻找更多的例证。寻找证据的途径可包括网络检索、生活经验、实地调查、实践检验等。在寻找例证过程中,尤其要重视有没有相反的例证,一旦发现相反的例证,一定要秉承客观中立的立场进行正确的解读,而不能凭个人的倾向和喜好任意曲解或回避。这一点在求证过程中尤为重要。

3. 如何判断

判断一个信息是否事实,一种观点是否正确,需要根据质疑和求证的结果,进行不同程度的判断。

(1) 肯定判断。如果一个信息提供的事实清楚、观点明确、例证充分、逻辑正确、无有说服力的反例,可作出肯定判断。

(2) 否定判断。如果一个信息所包含的事实不清楚、观点不明确、例证不充分、逻辑不正确、存在有充分说服力的反证,可作出否定判断。

(3) 区别判断。如果一个信息提供的部分事实清楚、观点明确、例证充分、逻辑正确、无有说服力的反例,可对该部分作出肯定判断;如果一个信息所包含的部分事实不清楚、观点不明确、例证不充分、逻辑不正确、存在有充分说服力的反例,可对该部分作出否定判断。

(4) 悬置判断。如果一个信息所包含的事实不够清晰,观点不够明确、例证不够充分、逻辑不够严密,存在有一定说服力的反例,应该悬置评判,直到获得更多的事实、例证之后再行评判。

7.4 批判性思维与创新的关系

批判性思维属于硬思维的范畴,其与创新的关系比较复杂,不同的阶段有不同的作用。

创新,往往意味着对旧思维、旧方法、旧事物的否定。当旧的思维、旧的办法已不能解决新的问题,或者旧的事物已不适应新的形势时,就需要创新;有时人们也会主动采用新思维、新方法去解决老问题、创造新事物。批判性思维强调要用质疑的眼光看待一切,这就为创新提供了契机。批判性思维很容易导致逆向思维、侧向思维、多向思维等的发生。在对旧思维、旧方法、旧事物的质疑、求证、评判的过程中,孕育着新思维、新方法、新事物产生的机会。创新,往往是从质疑、批判开始的。

例如有人统计苹果手机使用人群的年龄分布,结果发现大致呈正态分布。30～40 岁左右的人用苹果手机最多，年龄越大或越小使用苹果手机的人数逐步减少。于是很多苹果手机销售的商家把销售重点放在30～40岁的人群中，这好像理所当然，因为这些只占20%的人买了80%的苹果手机。但也有人运用批判性思维发现，那些属于两边的人占人口总数的80%，虽然这些人目前只买了20%苹果手机，但继续开发的潜力更大。于是他们硬是想办法从这些人群身上赚到钱。又比如亚马逊书店，一般书店都靠卖热门书籍赚钱，但他们却从卖冷门书籍上赚到钱，其冷门书籍销售差不多占到整个销售额的一半。

科学发现史上，运用批判性思维导致新发现的现象比比皆是、层出不穷。例如哥白尼、伽利略通过对地心说的质疑与批判，提出了日心说；爱因斯坦通过对牛顿经典力学的质疑与批判，提出了相对论等。

创意产生的过程，一般分为两个阶段。一是创意的萌芽阶段，二是创意的成形(实用)阶段。在创意的萌芽阶段，需要想象、联想、形象、直觉、灵感与顿悟等软性思维，需要异想天开、荒诞怪异的宽松氛围，这样才可能让意想不到的想法、点子不断冒出来。这时批判性思维宜退居幕后，过早的质疑和评判会将好的创意扼杀在摇篮之中。

当好的创意产生之后，就进入创意的成形阶段。这时就需要运用批判性思维对创意进行筛选、加工和完善。创意成形之后，还需要将创意变为现实，即需要进入创意实施阶段。这一阶段也需要批判性思维的参与，才能保证创意的顺利实现。

课外阅读

紧急疫情中的大众思维误区

2019年年底，我国武汉地区爆发了新型冠状病毒肺炎，疫情迅速发展和扩散，引起一部分人的恐慌情绪。在大灾大难面前，如何保持理性思维，不被纷至沓来的流言迷惑，需要批判性思维的指导。这里对本次事件中的两个案例进行剖析。

案例一

2020年1月31日，一则“中科院上海药物研究所、武汉病毒研究所联合发现：双黄连口服液可抑制新型冠状病毒”的消息在网络上疯传，一时间双黄连口服液成为很多人抢购的对象，甚至连给动物吃的双黄连制品也在抢购之列。紧接着，舆论开始反转，媒体纷纷批评这种盲目跟风现象。专家告诫说：双黄连口服液在体外能够抑制病毒，并不意味着用于人体时就一定有效，还需要经过一系列严格的临床药物试验。双黄连口服液本身也有一定的毒副作用，盲目服用有风险。一些自媒体则更进一步质疑该研究结果，举出的例证包括武汉病毒所以前的一些试验不靠谱，意指现在的试验也不靠谱；甚至挖出武汉病毒所所长的个人资料，认为她能力不行、水平有限，所以双黄连试验不可信等。

案例二

2020年2月5日，抗病毒药瑞德西韦临床试验在武汉启动。瑞德西韦是一款美国吉利德公司(Gilead)的在研广谱抗病毒药物，是一种核苷类似物前药。目前在刚果(金)开展治疗埃博拉出血热的Ⅱ和Ⅲ期临床研究，尚未在全球任何国家获得批准上市。有媒体报道，该药在美国用于治疗1例新冠肺炎取得很好疗效。有趣的是，该药刚被宣布在武汉进入临床试验的第二天，一则“说有 700 余例新冠肺炎患者，因为用了这药全部显效，24 小时 96%的肺部感染都奇迹般恢复了。第二批、第三批患者已经准备就绪”的传言就在微信朋友圈中疯传。一些网友还担心有关方面隐瞒瑞德西韦有效的事实，声称这是被治疗的患者亲自说出来的。要求国家取消相关临床试验流程，直接启动“同情用药”，开始在患者身上广泛使用。然而，正在武汉负责该药物临床试验的中日友好医院副院长曹彬教授对媒体表示：“临床研究今天(2 月 6 日)才开始，怎么可能知道结果？”他强调，科学研究需要时间。

这两个案例有很多相似之处，都发生在同一时期同一事件中，都是针对新型冠状病毒的抑制药物，都在体外试验中对病毒有一定的抑制作用，都是老药新用。双黄连口服液是一个中医治疗感冒发烧的经验方，具有疏风解表、清热解毒的功效；瑞德西韦在 2018 年就曾作为抗击埃博拉病毒的新药上阵试验，最终惨败给另外两款竞争对手，草草偃旗息鼓，但在一系列体外和动物实验中表现出不俗的广谱抗病毒活性。

大众对这两款“新药”一开始都表现出盲目的热情，从疯抢双黄连口服液，到疯传瑞德西韦未经证实的神奇疗效，都反映出大众思维的非理性一面。当然，这也与当前紧急形势下，大众对抗新冠病毒药物的迫切期待有关。所谓“病急乱投医”，越是形势危急越希望出现“奇迹”。

运用批判性思维，可以让我们在危急关头，仍然保持必要的理性。批判性思维包含“质疑、求证、判断”三个基本环节。质疑，就是要不懈追问，对任何事情都要保持怀疑和审慎的态度，提出各种各样需要解答的问题；求证，就是寻找各种论据和例证，运用严密的逻辑思维对论据和例证的合理性进行分析；判断，是在经过不懈追问、理性求证的基础上，作出科学的、符合实际的判断。如果证据不足或相互矛盾，则需要暂时悬置判断，等待更多的事实和证据出现。

1. 针对案例一的批判性思考

以案例一为例，大众如果采用批判性思维，思考一系列问题：比如这个研究结果可信吗？有没有更多的试验和证据？体外抑制有效是否一定代表临床应用有效？该药有没有什么毒副作用？只要经过这么一提问，人们就会冷静下来，采取必要的观望态度，而不会参与非理性的行动。反过来，一些网友对双黄连口服液抑制病毒试验可信性的质疑，也没有抓住重点，而且存在明显的逻辑错误，同样可以对于这样的例证提出“质疑”：该试验是以上海药物所为首的专家完成的，质疑武汉病毒所的水平是否足以推翻这一结论？武汉病毒所以往的试验是否一定与本次的试验有关联？否定武汉病毒所以往和本次体外试验的可信性的证据是什么？武汉病毒所所长的水平是否一定代表了参加本次试验的专家们的水平？证明双黄连口服液在体外抑制病毒结论无效的充分必要证据是什么？经过这些质疑，相信大家对某些“质疑”本身的逻辑性也将产生怀疑。要证明双黄连口服液体外抑制新型冠状病毒结论不可信的符合逻辑的方法应该是：找出该试验设计和实施过程中的“漏洞”或作假的证据，或者通过重复试验推翻这一结论。其他所谓例证都有偷换概念之嫌，不属于充分必要证据。

2. 针对案例二的批判性思考

对于案例二，运用批判性质疑法，就可以初步判断瑞德西韦“神奇疗效”传言的真假，不一定需要等到试验负责人出来澄清。比如这一说法是谁说的？在什么地方说的？通过什么途径传出来的？如果按照网上的说法，这些疗效是接受治疗的患者本人说的或者“知情者”说的，通过朋友圈传播的，那可以继续质疑：患者本人是如何知道自己吃的是瑞德西韦？根据什么判断治疗有效？是主观感觉有效，还是客观检验有效？一天时间即出现明显疗效是否真是药物的作用，还是一种巧合？因为病毒性疾病是有自限性的，而且用新药之前也可能已经采用了其他治疗手段。1 例有效是否能代表其他病例一定有效？主治医生们是如何说的？

再稍微求证一下，就可判断此传闻的真伪。药物临床试验要求采用“双盲试验”，瑞德西弗也不能例外。中日友好医院在 Clinical Trials 网站上登记注册的临床试验名称为：一项 3 期随机、双盲、安慰剂对照的多中心研究，以评估瑞德西韦对住院的轻度和中度 COVID－19 呼吸系统疾病成年患者的疗效和安全性。什么是“双盲试验”？即使没有学过医，也可通过百度检索到：双盲试验，是指在试验过程中，测验者与被测验者都不知道被测者所属的组别(实验组或对照组)，分析者在分析资料时，通常也不知道正在分析的资料属于哪一组。旨在消除可能出现在实验者和参与者意识当中的主观偏差和个人偏好。在大多数情况下，双盲实验要求达到非常高的科学严格程度。也就是说，参与瑞德西弗临床试验的病人、医生、分析结果的专业人员，都不知道究竟谁使用的是瑞德西弗，谁吃的是安慰剂(或其他种类的治疗药物)，只有极少数试验的设计者知道。因此，又何来所谓患者本人的信誓旦旦的“瑞德西弗有效”一说？即使是在非常时期，可能没有采用那么严格的双盲原则，也不能单凭某些人的一面之词来判断是否有效。药物是否有效要经过严格的统计学分析，这在短时间内是很难做到的。而且据院方提供的信息显示，第一批参与实验的全部人数是 700 人，包括实验组(用瑞德西弗治疗)和对照组(用安慰剂或其他药治疗)。如果 700 例全部有效，怎么证明是瑞德西弗的作用？根据以上证据，我们可以基本判断，所谓瑞德西弗治疗第一天就有 700 显效的消息是：假的！即使最后试验结果证明该药确实有效，也不能改变对这个传言的结论。

因此，到底是双黄连，还是瑞德西弗，对治疗新型冠状病毒肺炎有效？还是都有效或都无效？在事情发生的当下都还不能下结论，最好的做法是“悬置判断”，“让子弹飞一会儿”。

视频资源

批判性思维

学习心得

课后练习

一、单选题

1. 关于批判性思维的描述，哪项是不正确的？(　　)

A. 批判性思维还没有统一规范的定义

B. 批判性思维强调质疑与求证，进行理性思考

C. 批判性思维要求进行符合逻辑的分析与推理

D. 批判性思维就意味着否定

2. 批判性思维有时会滑向论辩式思维是因为(　　)。

A. 人类容易被自己的情绪与信念所左右

B. 往往只接受对自己有利的证据，而忽视或曲解不利的证据

C. 对对方的观点攻其一点、不及其余，忽视其中合理的部分

D. 以上都对

3. 批判性思维就是要(　　)。

A. 质疑一切　　B. 否定一切

C. 批判一切　　D. 反对一切

4. 批判性思维的三个基本环节是(　　)。

A. 质疑、否定、批判　　B. 批判、反思、创新

C. 质疑、求证、判断　　D. 质疑、求证、包容

5. 何时应该悬置评判？(　　)

A. 事实清楚、观点明确、例证充分、逻辑正确、无有说服力的反例

B. 事实不清楚、观点不明确、例证不充分、逻辑不正确、存在有充分说服力的反证

C. 部分事实清楚、观点明确、例证充分、逻辑正确、无有说服力的反例

D. 事实不够清晰，观点不够明确、例证不够充分、逻辑不够严密，存在有一定说服力的反证

6. 批判性思维在创新的哪一个阶段应该暂时缺席？(　　)

A. 创新之前　　B. 创意萌芽

C. 创意成形　　D. 创意实现

7. 求证过程应该注意的事项中，不包括哪一项？(　　)

A. 是直接证据还是间接证据　　B. 是孤证还是多证

C. 逻辑是否严密　　D. 从主观动机反推

8. 从下列哪项中可区分批判性思维与论辩式思维？(　　)

A. 是否只对人不对己　　B. 是否以输赢为目的

C. 是否正视反例　　D. 以上都可以

二、判断题(请在下面的句子后面的括号内打√或打×)

1. 批判性思维包含不懈追问、理性求证和谨慎判断三个特征。(　　)

2. 批判性思维有利于澄清事实、辨别真伪，作出正确的决策和判断。(　　)

3. 批判性思维适用于创新的任何阶段。(　　)
4. 批判性思维其实就是逻辑思维。(　　)
5. 批判性思维本身不容批判。(　　)
6. 批判性思维可以涵盖一切好的思维方式。(　　)
7. 批判性思维一定要有明确结论。(　　)
8. 批判性思维不容许模棱两可。(　　)

三、思考题

1. 到网上搜索“崔永元与复旦教授激辩转基因”的视频，观看视频，思考下列几个问题：
(1) 视频中崔永元与复旦教授采取的是一种什么样的思维方式?
(2) 用批判性思维分析辩论双方的推理过程是否存在逻辑错误?
(3) 想一想，对于转基因问题有没有更好的思维方法?
2. 为什么很多人愿意相信网络谣言?
3. 为什么在争论某个问题时，有时理性不能占据上风?

教师指引参考

一、教学目标

1. 了解批判性思维的内涵和争议。
2. 熟悉批判性思维与论辩性思维的区别。
3. 了解批判性思维容易出现的误区。
4. 掌握批判性思维的三个基本步骤。
5. 了解批判性思维与创新的关系。
6. 能用批判性思维分析评判问题。

二、教学建议

1. 用批判性思维甄别网络信息真伪

网络时代各种信息爆炸性增长，其中真真假假，泥沙俱下，大量的网络谣言混杂其间，难以辨别，批判性思维大有用武之地。

案例一

甘南地区出现“漂浮汽车”

近日，一则视频在网上疯传。视频画面显示，两辆汽车在经过一段路时突然漂浮起来，有消息称“昨天上午发生在甘南地区的奇特现象。当天下午中科院的研究人员到场，武警部队封锁了方圆5千米的地域。”

这则网络消息由于有视频图像作为佐证，一度让很多网友相信真有其事。其实，只要运用批判性思维很容易就可以辨别真假。首先，我们可以用5W1H法进行如下的质疑。

(1) Who—谁说的?没有明确的人，只是“有消息称”。这是网络谣言的一般套路，因为根本没有人说，所以只能含糊其辞。

(2) What—说的什么？“汽车经过一段路时忽然漂浮起来”。这明显是违背万有引力和常识的。违背常识的事情未必一定不是真的，但应该打一个大大的问号。

(3) Where—在哪里说的？网络检索表明，这一消息来历不明，大都是一些自媒体转载，没有看到任何正式媒体报道和官方消息。自媒体由于没有任何严格的审核机制，产生假消息的可能性很大。

(4) When—什么时候发生的？具体时间不明，只说“近日”。这也是网络谣言的一个“共性”。网络谣言大都没有明确具体的时间、地点。

(5) Why—为什么？不明。原因不明，动机不明，可能是一种猎奇？为了吸引人注意？

甘南地区出现的“漂浮汽车”图

(6) How—如何说的？网络消息，具体不详。这也是网络谣言的一大特点。网络谣言除了谣言本身，大都不提供任何关于时间、地点、人物、来源等具体的、可查证的信息。

最后，经过求证，发现网络上官方已经辟谣。

【真相】 江苏网警2月5日通过微博辟谣，经查，甘南地区国内仅有两个，分别为甘肃和黑龙江，而两地的甘南地区近期并未发生类似事件。专家指出，视频中有斑马线的消失、如空气的电线杆、像纸一样薄的轮胎等漏洞，暴露了该视频为后期制作而成。

至此，对于这则信息，由于有明确的反证(官方调查结果)，可以作出否定判断：谣言！

案例二

只有中国拒绝了她

有人(网名：宝宝比来)看一本《特蕾莎修女传》，可能很多人觉得修女的故事有什么好看的，那你就错了，她一辈子不为金钱所动，一辈子都在为穷人办事。她多次访华并谦卑地请求在中国开办慈善机构，照顾中国的穷人。但中国官员拒绝并告诉她：中国没有穷人。她把一生奉献给世界穷人，无数国家欢迎她，只有中国拒绝她。她临终说：我遗憾没有将福音传给中国穷人，我只能无数次流泪为中国穷人祷告。

这也是网络上广泛流传的帖子之一。很多人信以为真，纷纷转载。但只要运用批判性思维，就可以作出基本的评判。和案例一类似，这篇帖子除了内容本身之外，没有提供任何具体的时间、地点、来源等可供查证的细节。通过网络检索发现，这篇帖子只有各种自媒体转载，未见到任何正式的新闻报道和权威的出处。看过《特蕾莎修女传》的网友也表示书中没有见到这些内容。甚至连特蕾莎修女是否到过中国、何时到过中国、到中国的目的是什么等都存在争议，未见过任何官方和新闻媒体关于特蕾莎修女到访中国的正式报道，只有少量无法查证的自媒体消息和图片。而且内容也与常识不符，中国政府一直致力于脱贫攻坚，为帮助贫困地区脱贫致富做出了有目共睹的努力，取得了举世公认的成果，受到联合国的肯定。为什么会以“中国没有穷人”这样的理由拒绝特蕾莎修女？谁拒绝的？何时拒绝的？文章作者是怎么知道的？等等，这一系列问题都得不到合理解释，且没有提供任何证据。根据评判标准，也应作出否定判断。

对一条网络消息是否为真的判断(即事实判断)，只能依据是否有可查证的时间、地点、人物、事实、经过、来源，以及证人、证言、证据等。理论上，被作出否定判断的信息并不都意味着一定为假。例如假设某件事确实发生了，但只有一个人知道，而且知情人由于某种原因不能或不愿提供具体的时间、地点等细节，并不能说明此事为假。但此信息不能作为其他人讨论和推论的依据，任何人不能以个人主观意愿来判断某事的真伪，这是理性思维的基本原则。

案例三

陈凯歌导演电影《搜索》的启示

都市白领叶蓝秋(高圆圆饰)在一次体检中被查出患上淋巴癌晚期，心情极差的她因为没在公车上为一位老大爷让座，被电视台《今日事件》主编陈若兮(姚晨饰)曝光，一件原本简单的公车不让座事件，硬是通过网络助推变成了一场全城热议的焦点话题。之后她又因一通匿名电话背上"小三"的骂名，在舆论巨大的压力下选择跳楼轻生。而曝光此事的陈若兮也没有得到好结果。刚开始时因为抢到热点新闻受到领导表扬和同事羡慕，得意洋洋的她更加助长了平时女王式的生活作风和强势态度，与男友杨守诚(赵又廷饰)的关系亮起了红灯；后来又因为抢夺他人的功劳，被自己手下的实习记者杨佳琪(王珞丹饰)揭露其报道后面的事实真相，舆论因此彻底翻转，纷纷同情叶蓝秋而谴责新闻曝光者没有职业道德，最后陈若兮被电视台炒了鱿鱼。

这样的网络暴力和人肉搜索事件在生活中司空见惯。人们往往在某一负面新闻刚刚出来时，就急于下结论，舆论出现一边倒的现象。网络自媒体由于缺乏必要的自律与监管，更是成为各种小道消息流传的渠道，真真假假难以分辨。更何况还有好事者和别有用心者在其中暗箱操作、推波助澜。当另一方面的消息出现时，舆论又很快出现翻转，网民被各种矛盾的信息和观点弄得团团转，无所适从，莫衷一是，不知道该相信哪一方。

运用批判性思维，对于这种情况，除了不断质疑、小心求证之外，最好的办法是：在未得到足够信息和充分证据之前，先悬置评判，"让子弹飞一会儿"，而不要轻易跟风、人云亦云，成为别人手中的"牵线木偶"。

2. 用批判性思维评判争议性观点

案例

儒家主张用活人殉葬？

某大学教师在博客上发表过一种观点：儒家主张用活人殉葬。其依据是，儒家的祖师爷孔子说过一句话：始作俑者，其无后乎？意思是骂第一个用陶俑代替活人殉葬的人断子绝孙。这就证明孔子是主张用活人殉葬的。

显然，这只是一种观点，而不是事实。因为这仅属于对"始作俑者其无后乎"这句话的理解和推论，而并非孔子真的说过要用活人殉葬的话，历代儒家也没有人说过要用活人殉葬的话。运用批判性思维，我们应该对这一观点提出质疑：真的是这样吗？

按照5W1H提问法，我们可以按如下质疑：

Who—谁说的？一位大学教师说的，这位教师有高级职称，还是网络上一位知名博主。

因而他的说法有一定的“权威”性，颇能迷惑一些人。但批判性思维主张质疑一切，包括权威的观点。

What—说的什么？儒家主张用活人殉葬，提供的论证主要是孔子的一句话。

Where—哪里说的？在博客上说的，写成文字，在自媒体上发表。

When—什么时候说的？博客上有具体的日期。

Why—为什么？该教师一贯以批评中国传统文化为己任，有其大量公开发表的文章和博文为证，该博文也是借此批评中国文化的代表之一儒家。

How—如何说的？在自媒体上以文字形式公开发表的。引发激烈争议，网友有许多批评意见，提出了很多相反的证据，但该教师仍坚持己见。

接下来进一步求证。既然该教师提出的主要证据是孔子的一句话，那么我们就来分析这句话到底是谁说的？在哪里说的？何时说的？是什么意思？

“始作俑者其无后乎”这句话，最早出自《孟子·梁惠王上》一书，是以孟子转述的方式第一次出现的。在孔子弟子记录孔子生前言行录的《论语》中找不到，在孔子生前自己编撰的六经中也没有发现。孟子是在孔子死后一百多年才出生的，他是如何得知孔子这句话的呢？是孟子从别人那里听到了这句话？还是在孟子的时代有记载孔子这句话的书存在，不过后来失传了？在书中孟子是对梁惠王转述这句话的，有没有可能是孟子为了说服梁惠王而假托孔子说的呢？上述几种情况都有可能。据考证，《孟子·梁惠王上》一书也不是孟子自己写的，而是孟子的弟子根据其言行编撰的。但不管怎样，孟子是儒家的“亚圣”，《孟子·梁惠王上》是儒家的经典之一，说这句话是儒家说的并没有错。

那么这句话到底是什么意思呢？既然这句话最初出自《孟子·梁惠王上》一书，那么只能从这本书中去寻找答案。

我们来看《孟子·梁惠王上》的原文：

梁惠王曰：“寡人愿安承教。”孟子对曰：“杀人以梃与刃，有以异乎？”曰：“无以异也。”“以刃与政，有以异乎？”曰：“无以异也。”曰：“庖有肥肉，厩有肥马，民有饥色，野有饿殍，此率兽而食人也。兽相食，且人恶之。为民父母，行政不免于率兽而食人，恶在其为民父母也。仲尼曰：‘始作俑者，其无后乎！’为其象人而用之也。如之何，其使斯民饥而死也？”

这段古文的意思大致翻译如下：战国时，有一次梁惠王向孟子请教治国之道。孟子问梁惠王：“用木棍打死人和用刀子杀死人，有什么不同吗？”

梁惠王回答说：“没有什么不同。”

孟子又问：“用刀子杀死人和用政治害死人有什么不同吗？”

梁惠王说：“也没有什么不同。”

孟子接着说：“现在大王的厨房里有的是肥肉，马厩里有的是壮马，可老百姓面有饥色，野外躺着饿死的人。这是当权者在带领着野兽来吃人啊！大王想想，野兽相食，尚且使人厌恶，那么当权者带着野兽来吃人，怎么能当好老百姓的父母官呢？孔子曾经说过，首先开始用俑的人，他是断子绝孙、没有后代的！您看，用人形的土偶来殉葬尚且不可，又怎么可以让老百姓活活地饿死呢？”

显然，孟子在这里是借孔子的这句话（无论是转述还是杜撰）劝梁惠王要“施仁政”，对老百姓好点。熟悉儒家思想的人都知道，“仁者爱人”是儒家的主张之一。因此，这句话的原意与那位大学教师的解释正好相反。

有意思的是，当网友举出这些例证向那位大学教师质疑时，那位教师仍然坚持孟子的解释是错的，自己的解释没有错。其提出的佐证是，孔子是推崇周礼的，活人殉葬是周礼的一部分，所以孔子肯定是主张活人殉葬的。

那我们继续求证。有研究发现，活人殉葬在商代很流行，到了周代已经不太流行了，后来又有起有伏，甚至到明朝还有，凭什么说它是周礼的部分？历史上确有《周礼》一书，据说是周公所作，记录了国家方方面面的典章制度、礼仪规范，也包括殉葬制度。但翻遍该书没有一句提到活人殉葬。周代确实还有活人殉葬，但是不是周礼的重要组成部分？如果是，为什么《周礼》一书没有规定？为什么孔子生前整理的六经和其弟子记录孔子生前言行的《论语》中一字不提？为什么这句话仅仅在《孟子·梁惠王上》一书中出现过一次？而且意思还与该教师的解释正好相反？

这位大学教师在校内开了一门批判性思维课程，自己也一直以批判性思维的倡导者自居。但他完全无视这么多反例，仅凭主观臆断和牵强附会就作出肯定的判断，显然已经不是批判性思维，而滑向了论辩式思维和诡辩式思维。传统文化既有精华，也有糟粕，不是不可以批评，但任何批评都必须基于事实与证据，必须经得起严密的逻辑检验。如果想要颠覆孟子对这句话的解释，那么首先需要证明这句话确实是孔子说的，其次证明这句话的意思确实与孟子说的不一样。如果仅凭孟子转述的这句话，却说孟子对这句话的解释不正确，就好像一个寓言所说的那样，一位猎人学狼叫，到了另一个地方听到狼叫，却说那里的狼叫得不对，应该像自己这样叫一样荒诞可笑。

求证至此，我们可以对这位大学教师的观点作出基本否定的评判了。

3. 用批判性思维发现逻辑错误

案例一

网上流传的一句话：“如果尖锐的批评完全消失，温和的批评将会变得刺耳；如果温和的批评也不被允许，沉默将被认为居心叵测；如果沉默也不再允许，赞扬不够卖力将是一种罪行。如果只允许一种声音存在，那么，唯一存在的那个声音就是谎言。”

这句话运用排比句式，层层递进，貌似逻辑严密、无懈可击，仿佛真理。还有人说这句话出自大哲学家柏拉图，更增加了它的权威性，让人丧失怀疑的勇气。

真是这样吗？批判性思维提示我们，任何观点，无论它出自何人之口，无论说这话的人是多大的权威，都可以也应该接受质疑。且不论这句话是否真出自柏拉图之口（这件事本身就值得质疑），仅就内容本身就可以质疑。我们进行以下的反问。

（1）尖锐的批评如果不以事实为依据，本身是不是谎言？

（2）赞扬的话就一定是谎言吗？

（3）一句话是否反映了事实，与语气的尖锐与和缓是同一回事吗？

这句貌似正确无比的话有一个严重的逻辑错误，就是先假设尖锐的批评意见等同于真话，仿佛批评越尖锐，其真实性就越强，真的是这样的吗？发现了这个问题，我们就可以对这句话进行修正了：

“如果真话被认为过于尖锐而不被允许，而沉默也被认为居心叵测，那么，唯一存在的那个声音就是谎言。”

这样说逻辑上才更能说得通了。

案例二

在课堂上，教师可引导学生对一些权威观点提出质疑，发现其中的逻辑漏洞，并让学生提出自己的新观点。

例如某知名教育学者发表论文称“能够上出真正金课的教师必定是真正的科学家或真正的学者，只有科学家或真学者才有条件成为真正的教育家，才能上出真正的金课，其他人则望尘莫及。这样的教师绝不是大多数，而是极少数，因为真正的科学家和学者是有限的，因此，必须动员具有真才实学的关键少数建设金课。甚至这些真学者并非谙熟教学策略和方法，甚至磕磕绊绊，那也无阻碍于帮助学生获得真正的提升”。

该学者还认为：“建设金课绝不是老师一厢情愿就可以完成的，也不是简单地将信息传递给学生就万事大吉，没有优质学生的积极参与和贡献也就不会产生金课。……一流大学的整体学风也是一流的，这是由于入学的分层化决定的，……而一般性学校中存在为数众多的“五无”学生——一无志向，二无意志，三无基础，四无习惯，五无方法，即不具备作为合格学生的基本条件。”

请同学们就这位学者的观点提出质疑，并发表自己的新观点。

课堂上教师应该将这位学者的全文提供给大家，以便同学们全面了解该学者的观点，避免片面理解。

教师可引导学生从以下两方面进行质疑：(1) 什么是真正的学者？职称高的就一定是真学者吗？职称不高的甚至没有职称的就一定不是真学者吗？(2) 科研好的就是真学者吗？科研好、教学不好的老师上的课就一定是好课吗？(3) 按照作者的观点推论，一般性学校既缺少真学者，又缺少好学生，因此不可能产生真正的金课。难道金课是那些根据行政划分的“一流大学”的专利？

提出质疑后可以引导学生们对该学者的观点进行求证。客观上说，支持该学者的观点的证据有很多，但有没有反面的例证呢？例如有一些职称很高、头衔很多的教师实际水平并不高，对教学也不认真，效果也不好，而有些职称并不很高的教师对教学很热爱，教学效果很好，如何判断一个大学教师是否是真学者并不那么简单；又比如有些科研做得好的老师教学并不好，讲课“磕磕绊绊”，照本宣科，学生确实收获不大；网上有消息称著名数学家陈景润，虽然做出了很大的学术贡献，但他讲课不太好，磕磕绊绊，口头表达能力欠佳，他的课能算得上“金课”吗？少数985、双一流大学重科研轻教学，部分教师对教学工作消极应付；相反一些普通院校对教学非常重视，难道他们就不能打造出比某些重点大学更好的优质课程吗？学生可举出很多反面的例证。

在求证之后可以对该学者的“金课”观作出区别评判：大部分合理，少部分不合理。合理的是，金课确实需要好的老师和好的学生共同打造；不尽合理的是：好的老师不能单纯以科研水平和职称高低来判定，好的学生也不能单纯以大学的级别和入学考试分数来判定。只要师生共同努力，加上措施得当、方法合理，一般性学校、普通的老师和学生，也有可能打造出一门优质课程。

通过这样的训练，让学生体会运用批判性思维挑战权威、经典的乐趣，并养成独立思考、逻辑思维的习惯，培养自主创新的信心和勇气。

4. 用辩论赛的方式体会论辩式思维与批判性思维的异同

在课堂上采用辩论赛的方式上课，有助于提高学生参与的积极性，同时可让学生亲身体验论辩式思维与批判性思维的差异，还可培养学生口头表达能力和思维的流畅性与变通性。

组织课堂辩论赛最关键的是要选好辩论的题目。辩题必须具有现实性和可辩性，最好来自当前的生活和热点问题，难度适中同时又是学生感兴趣的话题。例如崔永元与复旦教授激辩转基因，你怎么看？翟天临是不是一个好演员？孔融让梨和约翰争苹果，哪一个更值得提倡……

第8章 平行思维与六顶思考帽

【本章要点】

1. 什么是水平思维？
2. 什么是平行思维和六顶思考帽法？
3. 如何进行平行思维？
4. 平行思维与创新的关系是什么？

8.1 水平思维

爱德华·德·波诺(Edward de Bono)是英籍马尔他人，是一位哲学、医学、心理学博士，他创立的“水平思维”理论、“六顶思考帽”思维技能已经在世界上许多国家推广，使他成为历史上对人们的思维方式有过重大影响的少数人之一，与发明思维导图的东尼·博赞齐名，被誉为“创新思维之父”。

水平思维是一种“以非正统的方式或者显然的非逻辑的方式来寻求解决问题的办法”。根据这一定义，水平思维类似于本教程中的软性思维。

爱德华·德·波诺在提出水平思维时讲了一个打井的故事：一个人在某处打井，当井打到足够深时仍然没有出水，这时有两种选择，一种是继续将井挖深挖大，一种是另择新址再打。前者称为垂直思维，后者称为横向思维或水平思维(Lateral Thinking)，因为另择新址打井相对于在原址继续打井来说，思维向水平方向进行了“平移”。“你不能通过把同一个洞越挖越深，来实现在不同的地方挖出不同的洞。”因此，水平思维强调的是寻求看待事物的不同方法和不同路径。从这个描述来看，水平思维又类似于本教程中转变思考方向中的侧向思维。

垂直思维的优点是比较稳妥，有一个较为明确的思考方向。它从一点出发，按照单一方向进行深入，利用原有的思维定式、知识、观念、结构和感知，迅速地认识问题和分析问题，使用逻辑链进行“非此即彼”的评价和判断，从而明辨是非；缺点是人的思维被局限在原有的逻辑链或思考框架之中，无法摆脱定式思维的影响，无法发现新的解决问题的方案，或者导致新的发现。而水平思维正好相反，它跳出原有的思维定式，寻找思维的新起点，从可能性的角度进行思考，而不仅仅从逻辑的角度进行思维，从而容易导致新发现、产生新创意、找到新的解决问题的办法，但这样同时也带来风险和不确定性。

以本书第 4 章练习 4“少女的故事”为例，当少女面临必须从袋子里摸出一块白色的石子，才能解除父亲债务的处境时，垂直思维集中考虑的是如何才能确保从口袋中取出一块白色的石子，按照这一思考方向思考下去，答案显然是无解的；而水平思维则将注意力转移到在口袋里剩下的那块石子上，这样办法就很容易想出来了。

8.2 平行思维和六顶思考帽法

爱德华·德·波诺有感于判断性思维(类似于第 7 章中提到的论辩式思维)常常引发思维对立，还提出了平行思维的概念和六顶思考帽法。

平行思维(Parallel Thinking)是指同时同向从不同角度认知同一个问题的思维模式。为了避免思维对立，平行思维主张大家同时同向思考。“平行”就是同一时间朝同一个方向思考，彼此不交叉不对立的意思；为了避免思维的片面性，平行思维又提出了六种思维角度(方向)。六顶思考帽是平行思维的思维工具或思考框架。

六顶思考帽法就是用六种颜色的帽子，代表六种思考方向，让思考者按照不同颜色帽子所提示的思考方向，在同一个时间按照同一个方向，对同一个问题进行思考。

这六种颜色的帽子分别是白帽、黄帽、黑帽、绿帽、红帽和蓝帽。

(1) 白帽。白色可视为无色，代表一种中立、客观、没有任何个人倾向的思考方向。用白帽思考时，要求思考者严格区分事实和观点，只提供客观的事实和数据，而不涉及任何个人观点。在六顶思考帽中，白帽一般最先出场，目的是让思考者全面了解问题的来龙去脉和各个方面，但又不掺杂任何主观意见。以便后续思考能围绕事实基础进行。

(2) 黄帽。黄色是太阳的颜色，代表一种阳光、正面、积极的思考方向。用黄帽思考时，要求思考者只从正面思考问题，从积极的、有利的一面进行思考，而不要涉及任何负面的观点和看法，把该问题好的一面充分展示出来。

(3) 黑帽。黑色是夜晚的颜色，代表一种冷峻、负面、谨慎的思考方向。用黑帽思考时，要求思考者只从负面思考问题，从消极的、不利的一面进行思考，而不要涉及任何正面的观点和看法，把问题不好的一面充分揭示出来。

(4) 绿帽。绿色是春天和青草的颜色，代表一种充满生机的、创意的思考方向。用绿帽思考时，要求思考者从改变、创新的方向进行思考，提出新的观点、看法和解决方案，把问题的各种新的可能的一面表现出来。

(5) 红帽。红色是人激动时脸的颜色，代表一种直觉和情绪。用红帽思考时，要求思考者直接表达自己内心的直觉和好恶，而不必受理性和逻辑的限制，把各人对该问题的真实感受和想法表达出来。

(6) 蓝帽。蓝色是天空的颜色，代表一种居高临下、俯视一切、掌控全局的思考方向。用蓝帽思考时，要求思考者从宏观、高度、概括的角度进行思考，用以掌控思考过程、总结归纳各种意见。蓝帽一般是主持人戴的帽子，也可用于讨论最后的总结环节。

8.3 如何使用六顶思考帽进行平行思维

平行思维和六顶思考帽法一般用于团队思考。团队就一个问题(如某个计划、方案等)进行讨论时，可采用这种方法。讨论时先选出一个主持人，主持人戴上蓝帽掌控整个讨论过程。当主持人宣布戴上某种颜色的帽子思考时，大家都围绕帽子颜色所指示的方向进行同向思考并发表意见，这样就避免了思维对立，不会出现争吵不休的现象。当大家按照不同颜色的帽子思考一轮之后，最后都戴上蓝帽进行总结归纳，完成思考的全过程。

六种颜色的帽子出场顺序一般分为两种情况。第一种是对于某个问题还没有具体的解决方案。这种情况一般白帽优先，先对遇到的问题进行客观描述；接着绿帽出场，大家就问题提出多种解决方案；再由蓝帽统筹规划，选择其中一两个方案进入以下的环节；接下来，黄帽、黑帽、红帽依次出场，最后蓝帽总结归纳。第二种情况是对于某个问题已有具体的解决方案，只需对这一方案进行讨论。这种情况下，白帽依旧在前，先了解方案的各种细节；接着戴黄帽思考该方案的优点和有利的方面；再戴黑帽思考缺点和不利的一面；接着戴红帽表达个人的直觉和好恶；再戴绿帽思考改良和创新的方法；最后戴蓝帽进行总结。

六顶思考帽的顺序并不是固定不变的，可根据讨论需要灵活调整，由蓝帽主持人统一掌握。例如讨论过程中如果发现有事实不清的地方，可返回白帽补充事实与数据；戴黄帽思考有利因素，或戴黑帽思考不利因素时，也可随时进入绿帽环节思考改进和创新方案；当戴绿帽提出新的计划和方案时，又可再重复一遍黄帽、黑帽、红帽的思考过程，等等。

六顶思考帽法也可用于个人思考，这时不再存在避免思维对立问题，但可帮助个人对一个问题进行全面思考，减少思维的片面性，同时有利于跳出定式思维，激发新创意。

8.4 平行思维与创新的关系

从前面的介绍中可以发现，平行思维有如下几方面优点：

(1) 通过同时同向思考，避免了常见的思维对立现象，有利于凝聚集体智慧，形成团队共识；

(2) 通过六种思考方向提示，避免了思维的片面性，有利于多角度全方位看待问题；

(3) 通过转变思考方向和绿帽思考，有利于打破心智枷锁，跳出定式思维，激发创新创造。

平行思维中包含了水平思维的特征，如让思维向六个方向“平移”，而不是只朝一个方向深入，体现了激发创造力三板斧的转变思考方向的原则；其黑帽思维强调质疑与批判，红帽思维重视直觉和感性因素，绿帽思维鼓励创新等，说明平行思维与创新有非常密切的关系。但平行思维没有提供更具体的激发创造力的方法和策略，也缺乏整合各种观点和意见的可操作的方法，因此需要与其他思维方法结合起来效果会更好。例如绿帽思维可与激发创造力三板斧结合，蓝帽思维可与包容性思维相结合，后者将在下一章中介绍。

课外阅读

五种创意方程式

安奈特是美国“火记”(Firemark)创意顾问公司的创办人兼董事长，经过对创意本质的多年研究，提出了“天才的5种创意方程式”。

1. 灵视者

灵视者具有“看见影像的能力”。如爱因斯坦、莫扎特就是这类天才。其创意思维特点是：(1)灵视者留意他们脑海中的影像；(2)灵视者让自己将极微小的细节可视化；(3)灵视者运用他们的影像来发掘伟大的构想。

运用灵视者思考技巧的建议是：

◎经常运用自己的想象力；

◎思考时试着闭上眼睛；

◎工作时不妨躺下来；

◎想象自己身历其境；

◎相信自己的直觉；

◎找时间独处；

◎与人分享你的愿景。

2. 观察者

观察者具有明察秋毫的能力。如达芬奇画蛋就是为了训练敏锐的观察力；鲁班通过对叶子边缘细齿的观察，发明了锯子。其创意思维特点是：(1)观察者对周遭事物心怀虔敬；(2)观察者留意并珍惜细微之处；(3)观察者大都有强烈的好奇心；(4)观察者把美当作构想的灵感；(5)观察者善于以小见大。

运用观察者思考技巧的建议是：

◎适时放慢你的步伐；

◎解放你的好奇心；

◎留意身边的耳语；

◎重视细微的差别与变化；

◎用审美的眼光来看待工作；

◎随时随地记下你观察到的有意义的细节和思考。

3. 炼金师

炼金师具有综合大成的能力，擅长从一个领域“盗取”构想，运用到另一个领域。如乔治·伊士曼从滚动条式窗帘受到启发，发明了新型滚筒式胶卷和柯达照相机；日本的鬼冢喜八郎从鱿鱼触足上的吸盘，想到将运动鞋鞋底做成吸盘状以防止打滑。炼金师的创意思考特点是：(1)炼金师采借构想；(2)炼金师广泛的兴趣激发构想；(3)炼金师借助连接发掘独到见解。

运用炼金师思考技巧的建议是：

◎培养狩猎者态度，经常东瞧西看；

◎保持对专业以外的事物的兴趣；

◎在玩乐中工作，在工作中玩乐；

◎参加一些沙龙活动，在言谈中捕捉灵感；

◎随时随地记下自己感兴趣的事物和灵感。

4. 愚者

愚者具有赞扬缺失的能力，喜欢打破规则，擅长反其道而行。如西班牙怪才毕加索采用荒谬怪诞的技法创作出许多别具一格的绘画；法国诗人波德莱尔通过对一般人视为丑恶事物的描写，创作出诗集《恶之花》——病态之花，散发出一种“令人战栗的美”。科学史上也有很多从失败中寻找创意的例子，如青霉素的发明、自粘式便条纸的发明等。愚者的创意思考特点是：(1) 愚者擅长反其道而行；(2) 愚者利用荒谬怪诞寻求突破；(3) 愚者敢于冒险、不害怕失败，善于从失败中寻找成功的机会；(4) 有不屈不挠的傻劲。

运用愚者思考技巧的建议是：

◎选择一个棘手工作并自问：“我要如何将之颠覆？”

◎研究一个喜剧演员；

◎采取滑稽可笑的方式；

◎练习做白日梦；

◎与愚者一起突破障碍；

◎尝试冒险；

◎坚持、坚持、再坚持。

5. 智者

智者具有化繁为简的能力，而且热衷于从历史中寻求灵感。如美国民权领袖马丁·路德·金和印度的圣雄甘地就是这一类人。智者的创意思考特点是：(1) 智者利用简化来寻求构想；(2) 智者善于以史为鉴寻求灵感。运用智者思考技巧的建议是：

◎专注当务之急，聚焦核心问题；

◎寻找达到目标的最直接的道路；

◎先写最后一句；

◎回顾自己和前人过往的经历；

◎将构想记下来，以便将来查找；

◎回想你过去曾认得什么智多星；

◎想想你过去在何种环境下最容易产生灵感，让自己经常处于那种环境；

◎娓娓道出一则故事，从故事中激发灵感。

安奈特建议把五种创意方程式综合起来，遇到困难时，先用灵视者的方式思考：我在脑海中看到了什么解决方案？用观察者的方式思考：我在周围注意到什么解决方案？用炼金师的方式思考：这个情况让我联想起什么？再用愚者的方式提问：我如果反其道而行会有什么结果？如何想到一个荒诞的结论？我若坚持不懈会如何？最后用智者的方式想想：有什么简单的解决方案？我如何鉴往知来？

视频资源

六顶思考帽

学习心得

课后练习

一、单选题

1. 关于平行思维的描述，哪一项是不准确的？(　　)

A. 平行思维与转变思考方向有本质上的相似之处

B. 平行思维有利于避免思维对立

C. 平行思维帮助我们从多个角度看待事物

D. 平行思维有利于整合不同意见

2. 关于六顶思考帽的描述，哪一项是不正确的？(　　)

A. 六顶思考帽就是用六种颜色的帽子代表六个不同的思维角度或思考方向

B. 六顶思考帽一般适合于团队思维时使用

C. 六顶思考帽有固定的使用顺序

D. 红色思考帽代表情绪与直觉

3. 关于水平思维的描述，下列哪项是正确的？(　　)

A. 水平思维就是平行思维　　B. 水平思维的运用方法是六顶思考帽

C. 水平思维与横向思维正好相反　　D. 水平思维的寓言故事是打井的故事

4. 下列哪顶颜色的帽子的意思是错误的？(　　)

A. 白色的帽子代表客观中立　　B. 红色的帽子代表正面价值

C. 黑色的帽子代表负面影响　　D. 绿色的帽子代表创意思考

5. 当没有具体方案时，六顶思考帽使用的顺序一般是：(　　)。

A. 白帽—绿帽—蓝帽—黄帽—黑帽—红帽—蓝帽

B. 白帽—绿帽—黄帽—黑帽—红帽—蓝帽

C. 白帽—黄帽—黑帽—红帽—绿帽—蓝帽

D. 白帽—蓝帽—绿帽—黄帽—黑帽—红帽—蓝帽

6. 平行思维的不足是(　　)。

A. 绿帽如何使用确少具体实用方法　　B. 容易出现各种意见的简单罗列

C. 如何整合不同意见缺少具体措施　　D. 以上都是

二、判断题(请在下面的句子后面的括号内打√或打×)

1. 将原来的洞继续打深打大属于水平思维。(　　)

2. 平行思维包含了水平思维的内涵。(　　)

3. 垂直思维比水平思维更有利于创新。(　　)

4. 只有在经过多方向思考与比较之后的坚持才是有益的。(　　)

5. 六顶思考帽只适合于团队思考。(　　)

6. 六顶思考帽适合用于讨论方案与计划。(　　)

三、思考题

1. 我国实行五一、十一等黄金周放长假的制度，对这种制度的利弊社会上有很多争论，请组成一个8～10人的团队，对如何改革我国节假日放假制度进行头脑风暴，提出新的解决办法，并采用六顶思考帽法对新方案进行讨论。

2. 大规模传染病的爆发对教育也造成了影响，请用六顶思考帽法对这些影响进行全方位思考。

教师指引参考

一、教学目标

1. 了解水平思维和平行思维的概念。
2. 掌握六顶思考帽的使用方法。
3. 了解平行思维与论辩式思维相比有何优越性。
4. 了解平行思维与创新的关系。
5. 运用六顶思考帽法讨论具体问题。

二、教学建议

平行思维和六顶思考帽是三种与创新关系密切的思维方式之一，看似容易，其实不然。首先难在如何选题，其次难在如何组织。题目如果选择不适当，则讨论起来会比较乏味，效果不好，不能体现平行思维的长处。如果说，批判性思维适合选择那些容易引起争议的话题，平行思维也一样。但平行思维除了需要选题富有争议之外，还需要选择那些需要解决方案的问题。例如第 7 章中所举的“儒家是否主张用活人殉葬”这样的话题，具有很大的争议性，适合用批判性思维来分析、评判，但不需要更多的解决方案，因为除非考古有新发现、新证据，这个问题其实已经可以作出结论，因此不太适合用平行思维来讨论。但“共享单车应不应该继续推广？”这样的话题，既有争议性，又需要拿出切实可行的解决办法，这样的话题就更适合采用平行思维和六顶思考帽法来解决。

批判性思维适用于对事实和观点的评判，平行思维则适用于对计划和方案的完善；批判性思维长于判断是非对错，平行思维长于分析优劣好坏。平行思维避免了对某个问题无谓的争论，把大家的心思聚焦到问题的解决方案上来。

六顶思考帽法是一个有先后顺序的以团队思维为主的活动过程，如何组织也很关键。一般采用小组活动形式比较好，如果时间允许，可先个人思考再小组合作，效果会更好。小组活动时，要先选出主持人、记录员(画思维导图者)，根据问题特点选择六顶帽子的轮序方式。活动时要留出足够的时间让学生思考，不要为提高所谓“效率”而压缩学生思考的时间。活动总结时，最好能提出具体的解决办法或推荐方案。

案例一

请用六顶思考帽法看“微课”

白帽：微课是一种以微视频为主体的相关课程教学资源，也可包括与之相关的教学活动。微课的长度一般在 20 分钟以内，以一个或数个小知识点为核心，以教师讲授为主要形式。

黄帽：微课适应了网络时代学习碎片化的需要，非常有利于移动学习与翻转课堂。它有学习方便、吸收率较高、充分利用碎片化时间、便于知识重组等优点。可以说，视频将重塑教育，那么以微视频为主体的微课将在其中扮演重要的角色。

黑帽：微课让学习变得支离破碎，缺乏系统性和深度，导致急功近利、浅薄浮躁。有些知识也不适合用微课传授。

红帽：我不觉得微课是一个什么了不起的事情，很快就会销声匿迹；或我认为微课将长期存在下去。

绿帽：可不可以通过学习微课而构建个性化的知识体系？微课与零存整取学习策略整合起来，是不是可以成为网络时代的主流学习模式呢？如果增加微课的交互性，会不会提高微课学习的效果？微课视频教学与课堂教学相结合是否对师生都更加有利？……

蓝帽：微课对教与学都有利有弊，但它毕竟是网络时代学习的一个趋势。

案例二

如何应对手机进课堂带来的挑战？

白帽：学生带手机进课堂已经成为一个普遍现象，对课堂教学造成严重冲击。

绿帽：应该禁止手机进课堂。可以宣传教育，让学生自觉不带手机进课堂；设置手机“休息袋”，让学生上课前交手机；课室周围安装信号屏蔽设备，让学生用不了手机；见一个收一个，对违反规定者严厉处罚……

蓝帽：我们先来讨论设置手机“休息袋”的效果。

黄帽：比较人性化，课后还给本人，大家容易接受；成本较低，容易实施；让大家都回到用纸笔记笔记的好习惯……

黑帽：即使交了手机，但学生的心还在手机上，仍然不会好好上课；每次收和发非常麻烦，难以长久坚持，万一弄丢了怎么办？如果需要查找一下学习资料，没有手机怎么办？想用手机把老师讲课时的一张好图片拍下来怎么办？……

红帽：老师课讲得不好收我手机就有用了？或还是收了手机好，要不我很难控制不看手机。

绿帽：可不可以既不收手机，又不让它妨碍学习，还能促进学习，比如在课堂上使用手机开展教学……

蓝帽：那我们现在讨论如何利用手机开展课堂教学吧。

白帽：手机可以用来签到、录音、拍照、互动……有很多手机 APP 可以用于课堂教学中，还可以开展讨论、交流、展示、投票、答题、评分……用手机上网可以学到更多的东西，已有很多课堂使用手机开展教学的成功经验和案例……

黄帽：手机进课堂好处太多了，可以做很多很多事情，完成很多很多教学任务……

黑帽：不同意，如果学生在课堂上玩游戏怎么办？聊闲天怎么办？长时间使用手机会不会影响视力？有些课根本不需要用到手机……

红帽：我觉得手机进课堂利大于弊，或者我认为将手机用于教学只是一厢情愿，效果不会好……

绿帽：如果教师改变传统的教学观念和教学模式，会不会让手机进课堂变得更加有利？教师有没有办法可以让学生在课堂上只能用手机进行教与学，而没有时间干别的事？合理安排手机的使用时间能不能避免手机对视力的影响……

蓝帽：手机进课堂有利有弊，关键取决于教师的教学设计和师生的共同配合。对于年龄较小、自控能力较弱的中小学生还需慎重。

第9章 包容性思维

【本章要点】

1. 什么是包容性思维？
2. 包容性思维有哪些基本内容？
3. 如何开展包容性思维？
4. 包容性思维有哪些优点？
5. 包容性思维与创新的关系。

9.1 包容性思维

包容性思维(Inclusiveness Thinking)是笔者在研究网络时代碎片化学习、创立新建构主义学习理论过程中提出的一种原创性思维方法。最初应用于非正式学习领域，可以帮助人们整合信息与知识碎片，化零为整、形成新的个人知识体系。后来发现包容性思维可用于社会、生活的各个领域，不仅可以整合碎片，还可以化解矛盾、整合歧见。具有批判性思维、平行思维等思维方式所不具有的长处和优势，是一种具有普遍应用价值的新思维方式。

包容性思维的定义如下：包容性思维是指将一些看似互不关联、甚至互相矛盾的思想、观点、理论等，经过一定的加工改造，使之互相兼容、有机组合、融为一体的思维方法。它既是一种看待事物的信仰和态度，也是一种化解矛盾、整合歧见的良性思维方法。它仿佛是一种思维“粘合剂”，把不同的思想、观点、理论、知识、信息等“碎片”粘合成一个整体，追求一种“集大成”式的思维成果。同时，由于原本混沌、杂乱的信息与知识，被重组为一个结构化知识体系，从而缩小了在大脑内存储所占的空间，降低了信息过多带来的认知负荷，有利于应对信息超载的挑战。

9.2 包容性思维的基本信念

包容性思维包含一个信念、六种关系和五个步骤等基本内容。

这里首先讨论包容性思维所依据的基本信念。包容性思维认为，任何思想、观点、主张、见解，都有合理的、真实的一面，也有不合理、不真实的一面，无论它看上去是多么天经地义或者荒诞不经，都是如此。每个人都是通过自己的经验、价值观这些“有色眼镜”来看待这个世界的。每个人看到的都是世界(事物)的局部而不是整体。因此，要想全面、准确地认识这个世界(事物)，就需要对各自的经验、认识进行适当的加工、改造和整理，使之有机地统一成一个整体。

包容性思维最好的隐喻就是“盲人摸象”。“盲人摸象”典出《大般涅盘经》，原文如下：“尔时大王，即唤众盲各各问言：‘汝见象耶？’众盲各言：‘我已得见。’王言：‘象为何类？’其触牙者即言象形如芦菔根，其触耳者言象如箕，其触头者言象如石，其触鼻者言象如杵，其触脚者言象如木臼，其触脊者言象如床，其触腹者言象如瓮，其触尾者言象如绳。”

原文比较难懂，有人将它改编为白话文故事，并采用了现代人比较容易理解的比喻，但基本意思没有改变：

从前，有几个盲人很想知道大象是什么样子，可他们看不见，只好用手摸。胖盲人先摸到了大象的牙齿，他就说：“我知道了，大象就像一个长长的大萝卜”。瘦盲人摸到了大象的鼻子，就说“不对呀，大象像一条弯弯的管子”。高个子盲人摸到的是大象的耳朵，“不对，不对，大象明明是一把大蒲扇嘛！”他叫起来。“你们净瞎说，大象只是根大柱子。”原来矮个子盲人摸到了大象的腿。一位年龄较小的盲人摸到了大象的身体，不由得感叹道：“大象是一面好大的墙呀！”而那位年老的盲人却嘟囔：“唉，大象哪有那么大，它只不过像一根细细的草绳。”他摸到的是大象的尾巴。几个盲人争吵不休，都说自己摸到的才是大象真正的样子。

后人以“盲人摸象”比喻看问题如果局限于个体经验，往往容易以偏概全。

生活中我们大多数人都不是盲人，但我们看待问题其实也跟盲人摸象差不太多。心理学研究发现，每个人看待世界时都会带着一个相对固定的心智模式，也就是说我们都是用一种习惯性思维和方式来看待事物的。每个人都戴着一副有色眼镜。这副有色眼镜的形成与个人的知识背景、生活经历、时代环境、立场、个性、价值观等复杂因素有关。对待简单事物或自然界的客观现象，大家的差异可能还不会太大，也相对容易达成共识；而对于人文社会领域的事物，观点和看法就可能天差地别了。

鲁迅曾有一段非常精辟的名言：一部《红楼梦》，“经学家看到了《易》，道学家看到了淫，才子看到缠绵，革命家看到了排满，流言家看到了宫闱秘事……”你看这不是典型的盲人摸象吗？红楼梦的文字每个人看到的都是一样的，但每个人从这些一模一样的文字中看到的却是很不相同的事物，难怪有人说“一千个读者心目中就有一千个哈姆莱特”。

建构主义理论也可以从另一个角度对这种现象作出解释：人对事物的认识是主客观互相作用的结果，而不仅仅是对客观事物的直接反应。人都是在原有认知经验基础上完成对客观事物的意义建构的。而你的原有认知基础受个人经历、心理特征、教育背景、动机需求、立场价值等多种因素的影响。

那么，到底什么才是事物的真相或者全貌呢？既然我们每个人看到的都只是事物的一个方面，都带有各自的主观性和片面性，如何才能获得更接近事物真相的认知？唯有将各种观点中那些合理的(客观的)部分有机整合起来，剔除那些不合理的(主观的)部分，才能构成对事物的全面认知。就像盲人摸象一样，如果每个盲人都不固持己见，而是将每个人的见解有机组合在一起，就有可能勾勒出大象的全貌。关键是要把每个人摸到的部分放在最适合它们的位置。这并不是和稀泥，而是试图认知复杂事物全貌的一种有效途径。

人类社会纷争不断，动不动就争论不休，党同伐异，思维对立现象比比皆是，而且并没有因为争论而缩小彼此之间的差距。所谓“真理越辩越明”只是一种良好的愿望。每个人都站在各自的立场上批评对方是偏见，却不知自己也有偏见。其根源与大多数人所秉持的思维方式有关，这种思维方式是批判性的、辩论式的，批判的矛头始终对着对方，而从不对准自己。所以很难消除歧见，达成共识。包容性思维因此也更具有历史与现实意义。

9.3 如何开展包容性思维

包容性思维具体的做法可用一句话概括，就是“在一种理论或观点前加上一个定语、修饰词或限定条件，使之能与另一种理论或观点和平共处、互为补充”。下面将进行详细介绍。

1. 事物之间的六种关系

在包容性思维过程中，要考虑事物之间的六种关系，运用六项基本处理法则。

假设有两种观点、理论或认知碎片，分别为 A 和 B，两者可能有以下六种关系。

1）对立关系

这种关系由双方立场或视角不同所致。只要弄清彼此的立场或视角，则两种观点都可以成立。用数学公式表示为：A=－B，或 B=－A，其中“－”号表示立场或视角的转变，见图 9.1。

处理法则是：找到观点背后的立场、视角和动机等，并将每一种观点背后的立场、视角、动机揭示出来，然后一一呈现。

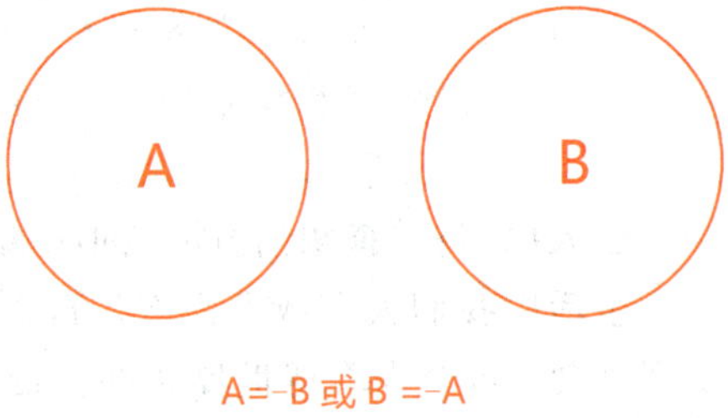

图 9.1　对立关系图

例一

观点 1：耶路撒冷是以色列的首都。

观点 2：耶路撒冷是巴勒斯坦的首都。

这是因为立场不同导致的对立关系，可加上限定词按下列方式整合：

整合 1：历史上耶路撒冷是巴勒斯坦的首都，但现在耶路撒冷是以色列的首都。

整合 2：站在巴勒斯坦人立场上，耶路撒冷是巴勒斯坦的首都，但站在以色列人立场上，耶路撒冷是以色列的首都。

例二

观点 1：地球是一个巨大的球体。

观点 2：地球就像一粒尘埃。

这是因为视角不同导致的对立关系，可加上限定词按下列方式整合：

从人的视角来看，地球是一个巨大的球体。

从宇宙的视角来看，地球就像一粒尘埃。

2）平行关系

平行关系是指 A 和 B 分别代表了不同领域、不同范畴或同一事物的不同方面，双方可以共存，并不对立或矛盾。用公式表示为：A+B=C，其中 C 表示 A 和 B 各自所代表的领域或范畴之和，见图 9.2。

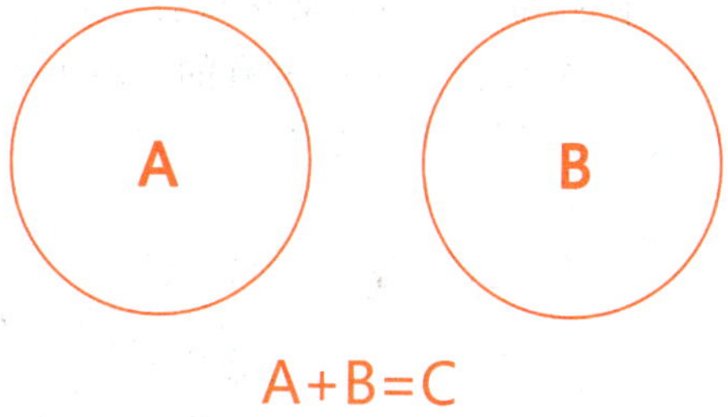

图 9.2 平行关系图

处理法则是：对原以为是一个整体的事物，进行细致的拆分，让两个平行的认知观点能够与事物的相应部分一一对应，找到各自可以合理存在或有效应用的空间。

例

观点 1：应该大力开展转基因研究。

观点 2：应该慎重对待转基因食品的安全性问题。

这两个观点其实并不矛盾，属于平行关系，可加上限定词按下列方式整合：

在大力开展转基因研究的同时，应该慎重对待转基因食品的安全性问题，两者可以并行不悖。

3）包含关系

包含关系是指一种观点或概念所代表的范围较大，可以包含另一种观点或概念。用公式表示为：A－B＝C 或 B－A＝C，其中 C 为 A 或 B 中超出对方的部分，见图 9.3。

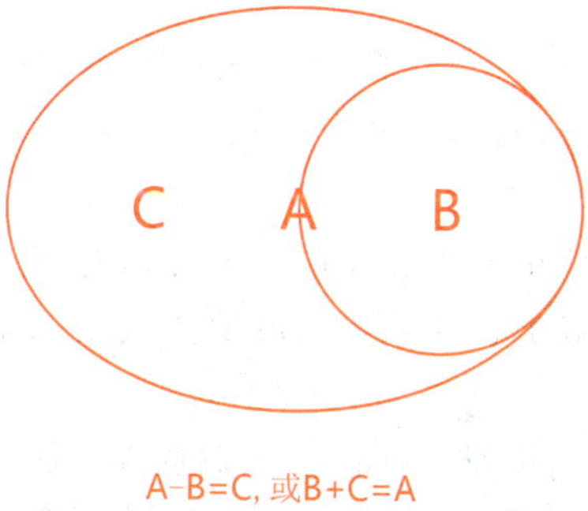

图 9.3 包含关系图

处理法则是：找出两个或两个以上的概念的涵盖范围，如果一个概念的范围能涵盖另一个概念，而另一个概念不能反过来涵盖这个概念，那么两者之间就具有包含关系，只要明确谁包含谁即可。

例

概念 1：中华民族

概念 2：汉族

这两个概念是包含关系，可加上限定词按下列方式整合：

汉族是中华民族的一分子，或中华民族包含汉族。

4）交叉关系

在这种关系中，A 和 B 中各有一部分与对方交叉重叠，可用公式 A+B−D=C 表示，其中 D 代表交叉重叠的部分，C 代表 A 和 B 实际所占有的领域范围，见图 9.4。

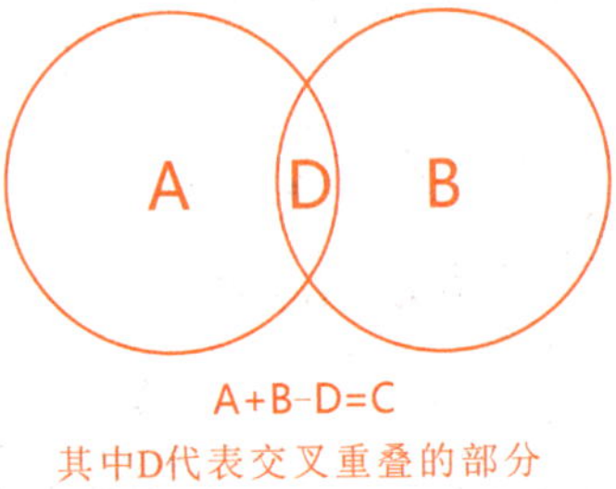

图 9.4　交叉关系图

处理法则是：只要明确彼此的关系和交叉重叠部分即可。

例一

观点 1：教育是一门科学。

观点 2：教育是一门艺术。

这两个观点属于交叉关系，可加上限定词按下列方式整合：

教育既是一门科学，又是一门艺术。

例二

观点 1：广义相对论是一种科学理论。

观点 2：广义相对论是一件伟大的艺术作品。

——德国物理学家玻恩

这两个观点也属于交叉关系，可加上限定词按下列方式整合：

广义相对论是一种科学理论，也是一件伟大的艺术作品。

5）类比关系

如果两个事物属于完全不同的领域，但在很多方面有相同或相似之处，那么彼此就构成类比关系，用数学方式表示就是：A∽B。

类比关系往往能够激发创新思维，有利于知识创新。处理法则是：努力发现两个事物之间的相似之处，然后从一个相对熟悉的事物的变化规律中发现另一个相似事物的变化规律，并用明喻和暗喻的方法阐释这一规律。

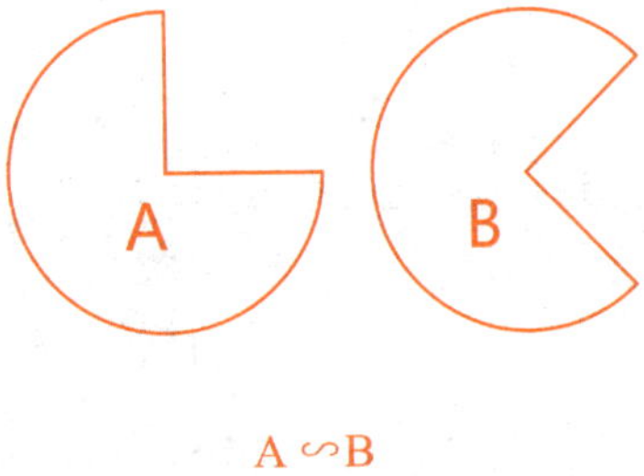

图 9.5　类比关系图

例

知识点 1：行星围绕着恒星旋转。

知识点 2：电子围绕着原子核旋转。

这两个知识点属于相似关系，可从中推导出万有引力和微观世界与宏观世界物质运动的共同规律。

6）多重关系

有时两种观点、理论或概念之间可能存在不止一种关系，而有两种或两种以上的关系，这就是多重关系。包容性思维允许某种程度的模糊、重叠现象的存在，如图 9.6。

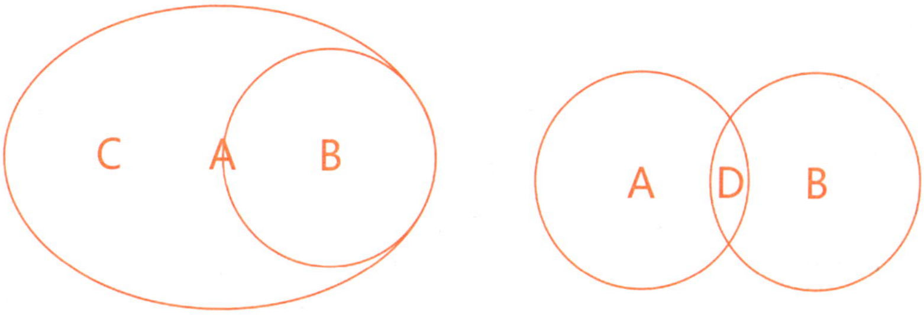

图 9.6　多重关系图

例一

概念 1：中国

概念 2：中华人民共和国

这两个概念之间属于多重关系，可加上修饰语和限定词按下列方式整合：

中华人民共和国是当今(与过去的“中国”构成平行关系)中国的最主要组成部分(与国土范围构成包含关系)。

例二

理论 1：马列主义

理论 2：毛泽东思想

这两个理论也属于多重关系，可加上修饰语和限定词按下列方式整合：

毛泽东思想是马列主义的中国化(包含关系)，是新时代的马列主义(平行关系)。

2. 包容性思维的五大步骤

1）找出需要整合的论点(或知识碎片)

包容性思维适合对不同的概念、观点、理论进行整合，因此，需要先挑出两个或两个以上需要整合的概念、观点或理论。这些概念、观点、理论之间的关系，要么模糊不清、令人困惑，要么互相冲突、彼此对立。如水平思维与平行思维、形象思维与创新思维、合作学习与协作学习、非正式学习与非正规学习、研究性学习与基于问题的学习等，这些概念到底有何异同？又如“众人拾柴火焰高”与“三个和尚没水吃”，以及“人生应补齐短板”和“人生应扬长避短”这些观点到底谁对谁错？再如建构主义、新建构主义、联通主义学习理论到底谁更适合指导当下的学习？等等。这些问题像一堆乱麻缠绕不清，彼此的关系非常复杂，需要进行梳理与整合使之成为统一的知识体系。

2）找出各自的论据

有了需要整合的概念、观点、理论之后，就需要分别寻找各自的支持论据，越充分越好，以便判断各自的合理部分。注意除了寻找各自的正面论据之外，也要留意反面论据，以便更准确地划分出各自的合理与不合理部分。

3）审视各个论点的合理性及其相互关系

逐条审视每条支持理据的合理性，如是否充分必要、是否符合逻辑。再考察概念与概念、观点与观点、理论与理论之间的相互关系。如对立关系、平行关系、包含关系、交叉关系、相似关系和多重关系等，以便选择合适的处理原则。

4）找出两个论点各自的限定条件

在弄清了各自的合理与不合理部分之后，就可以在相关的概念、观点、理论前面加上修饰词、限定词或限定条件了。如“盲人摸象”故事里，只要在每个盲人对大象的判断前加上相应部位的限定词就没有问题了。如“大象的牙齿像一个长长的大萝卜”“大象的鼻子像一条弯弯的管子”“大象的耳朵像一个大大的蒲扇”，等等。对于一些比较复杂的观点、理论，可能就不是加上几个限定词那么简单了，而需要设定出一组限定条件或划分出一定的适用范围等。

5）用统一的论述整合不同的观点

在为每一个概念、观点、理论加上了修饰词、限定词、限定条件、限定范围（领域）等之后，再把它们整合在一起，形成一个互不矛盾、互为补充、互相兼容的统一论述，新的知识体系就形成了，包容性思维的任务也完成了。

9.4 包容性思维的优点

前面两章已经讨论了批判性思维、平行思维的优缺点。批判性思维长于对事实的真伪与观点的对错进行评判，但使用不当容易滑向论辩式思维，造成思维对立和观念冲突；平行思维长于对计划与方案的优劣好坏进行全方位分析，避免了冲突和对立，有利于激发新的想法和创意，但对如何整合各种观点和意见，如何产生新创意缺乏具体可行的方法和策略；包容性思维则既能避免冲突与对立，又能整合不同观点和意见，有利于产生集大成式的思维成果。

包容性思维与论辩式思维、平行思维的比较见表 9.1。

表 9.1　包容性思维与论辩式思维、平行思维的比较

比较项目	论辩式思维	平行思维	包容性思维
特征描述	1. 认为凡事都有对错，不是你对，就是我对 2. 寻找对自己的观点有利的证据 3. 寻找对方观点中的漏洞和逻辑错误 4. 攻其一点，不及其余	1. 主张避免对立思维，大家都往同一个方向思考 2. 对同一个事物进行多方面思考 3. 注重发现新创意	1. 认为所有的观点都有合理的一面 2. 发现每一种观点的合理之处 3. 为每一种观点寻找限定词或限定条件，让它在该限定条件下得以成立 4. 将所有的观点都整合在一个系统或框架内，使之各安其位、和平共存
目的	辨别是非或驳倒对方	避免对立，寻求多方面理解和创意	整合不同的观点，追求集大成式的思维成果

包容性思维与批判性思维的异同见表 9.2。

表 9.2　包容性思维与批判性思维的异同

比较项目	批判性思维	包容性思维
起始	从提问与质疑开始	从发现与肯定开始
步骤	质疑—求证—判断	发现合理部分—寻找限定条件—整合不同观点
结尾	作出判断	整合歧见
方法	逻辑与理性	逻辑与理性

包容性思维也不同于传统的“中庸之道”。中庸之道是我国古代儒家哲学思想的精髓，既是一种为人处世的态度，也是一种思考问题的方法。对中庸之道的解释有多种，本处仅取其与思维方法相关的解释。包容性思维由于其包容一切主张，容易被误解为与中庸之道类似，但两者实际上有很大不同，需详加辨析。

中庸之道指思考问题时要不偏不倚、折中调和、不走极端。凡事取其中道，过犹不及。比如有两种截然相反的观点，中庸之道认为应该选择居于这两种极端观点中间的主张，而不要选择两种极端观点中的任何一种。中庸之道作为中国人的人生智慧，既有有利的一面，也有不利的一面。包容性思维则不同，包容性思维认为任何观点，哪怕是极端的观点，都有合理的一面，也有不合理的一面；在这种条件下不合理的事物，在另一种条件下有可能变为合理；极端的观点在极端的情境下就有可能成立。思考的关键在于找出各种观点得以成立的条件与情境。

中庸之道是一种线性思维或平面思维，它把不同观点放在一维或二维空间内思考，所以有时不得不妥协、折中；包容性思维则把不同观点放在三维的立体空间里进行思考，这使得在一维或二维空间里看似矛盾与对立的事物，在三维立体空间里变得并不矛盾与对立，而可以交叉、重合起来。如果说包容性思维与中庸之道有什么相似之处，那就是都主张平和、理性与不偏执。

包容性思维不否定人的认知与立场有关，而是要人们承认由于立场和视角的不同，存在不同的观点是可以理解的。包容性思维主张辩证地看待问题，反对非白即黑的思维方式；认识到事物是复杂的，有时必须容忍模糊不清和混沌现象。

包容性思维是一个开放的、不断完善的过程，认为人类对事物的认知不可能一蹴而就，只能通过不断包容、重构才能逐渐接近真理和事实全貌。

包容性思维也并非没有缺点或局限性，主要表现在如何发现合理性、如何寻找限定条件方面，这对初学者有一定的难度；而且整合过程难以排除个人知识、信仰、立场与价值观等因素的影响，这一点也与批判性思维有相似之处。纯粹客观的整合并不容易，不同的人对不同有分歧意见的整合结果可能有所不同。但无论如何，包容性思维承认各种观点都有合理性，都能在特定条件下成立，这对缩小差异、寻找共识，有极大的帮助。

9.5 包容性思维与创新的关系

包容性思维也是与创新关系密切的思维方式之一。包容性思维所带来的创新主要表现在重组创新和集成创新上。通过将原来互不相关，或者交叉重叠，或者矛盾冲突的旧概念、旧观点、旧理论进行改造、重组、整合，产生新概念、新观点、新理论，就是一个更新和改变的创新过程。这种创新往往集合了原有概念、观点、理论的优点与合理性，形成一个更综合、更全面、更新颖的概念、观点、理论，体现了一种综合大成的思想特征。

包容性思维的提出，本身就是一个创新思维的过程与成果。笔者在遇到网络碎片化学习带来挑战这个问题时，联想到小时候零存整取式储蓄，提出了零存整取式学习策略。在进一步研究和探讨零存整取式学习过程中，发现需要一种全新的思维方法才能帮助我们将那些互不关联、甚至互相矛盾的观点、理论、概念重新整合在一起。恰好当时不久前，亚洲开发银行(2007 年)提出了“包容性增长”这一新概念，这一新概念要求经济增长要惠及社会各个阶层的人群，公平合理地分配经济增长所带来的利益。这一理念与笔者要平等均衡地对待各种不同观点的思想不谋而合，于是提出了包容性思维的新理论。包容性思维本身就是从“包容性增长”与“整合式思维”这两个概念有机重组而来的。

课外阅读

屠呦呦获奖与中医药学的关系

屠呦呦获诺奖，引发了一场中西医乃至中西文化的论战。大多数人认为这是中国医药学的胜利，证明中医药确实是一个伟大的宝库，但也有人持不同的看法。

(1) 第一种观点认为，屠呦呦获奖完全靠的是西方科学研究方法，与中医药何干？青蒿素不过是从一种名为青蒿的植物中提取出来的抗疟成分，跟中医药学说没有任何关系。

要正确分析这个问题，还是要采用包容性思维。首先，我们要肯定两种观点都有一定道理，都有合理的成分，也各有支持的理据；其次，我们来看两种观点是什么关系？从表面上看，一种认为屠呦呦获奖，与传统中医药学有关；另一种认为与传统中医药学无关。两者属对立关系。对立关系往往与立场、视角有关。认为有关的人站在维护传统中医药乃至中国文化的立场上，而认为无关的人则大都持西方科学与文化优越论观点，站在否定中医药乃至中国文化的立场上。

事实上屠呦呦之所以想到用乙醚在低温条件下提取青蒿素这一关键步骤，是受到古代中医典籍中一条关于青蒿浸水后可治疗疟疾病的记载的启发。如果说只是与植物学有关，与中医药无关，那世上植物何止亿万，屠呦呦凭什么想到青蒿这种植物？难道不是因为中医文献里的那条记载？而那条记载难道不是来自古代中医用青蒿治疗疟疾病实践经验的总结？

长沙马王堆三号汉墓出土的帛书《五十二病方》中就有青蒿的记载，证明青蒿早在公元前 168 年左右就作为一味中药被使用。此后历代的本草医书对青蒿都有不同的阐述。东晋葛洪的《肘后备急方》中就有关于青蒿可以治疗疟疾的疗法，“青蒿一握，以水二升渍，绞取汁，尽服之”。而千百年后的屠呦呦，正是因为看到这一段文字，才找到了从青蒿中提取青蒿素的突破性方法。元代《丹溪心法》还提出将青蒿制成丸剂，名为“截疟青蒿丸”。

(2) 第二种观点不否认与中药有关，但否认与中医有关。因为在这些人看来，中医理论不是科学，不符合科学规范，难以检验，因而是伪科学。他们试图将中医与中药区别开来，否定前者但承认后者的疗效。这就好像将西药与西医强行分开，把西药仅视为人工合成的化合物，与西医无关一样，难以服众。没有中医，何来中药？没有中医理论，古代医生如何为病人看病？靠什么诊治患者？凭什么辨证施治？如何决定什么症状用什么药、用多大剂量、疗程多长？中医是什么？不就是中国人在阴阳五行辨证施治理论指导下，采用有药用价值的矿植物治疗各种疾患的理论与实践吗？中医、中药能分得开吗？

（3）第三种观点认为屠呦呦从中药中提取出活性成分青蒿素纯属偶然，可一而不可再，今后再也不可能从中医药研究中开发出其他新药了。这也只是一种主观臆测。实际上从中药材中提取出有效成分，开发出新药的并不少见，如麻黄碱、黄连素等，有什么根据证明以后不再可能了呢？

综合以上分析可以看出，关于屠呦呦获诺奖与中医药毫无关系的说法是站不住脚的。

另一方面，将青蒿中的抗疟有效成分提取出来所使用的方法，的确是西方现代科学发明的，这一点也无异议。

因此可以用包容性思维整合双方的意见：中医药的抗疟实践不仅为寻找新型抗疟药物指明了方向，还为发现青蒿素的有效提取方法提供了关键的启示；而源自西方的现代科学方法则为有效提取青蒿素、揭示其作用机理，并最终开发出能够大规模使用的临床新药提供了全套的方法和技术。屠呦呦获诺奖是传统中医药实践与现代医学研究方法结合的成果。

学 习 心 得

课后练习

一、单选题

1. 包容性思维的长处主要是(　　)。

A. 明辨是非、作出评判　　B. 避免冲突、多元思考

C. 整合歧见、统一认识　　D. 折中妥协、不偏不倚

2. 关于包容性思维与批判性思维的异同，下列各项中(　　)的说法是不正确的。

A. 包容性思维从肯定合理部分开始，批判性思维从质疑开始

B. 包容性思维与批判性思维都强调逻辑与证据

C. 包容性思维容易变成是非不分

D. 批判性思维有可能滑向论辩式思维

3. 包容性思维主要内容有(　　)。

A. 一个信念　　B. 六种关系

C. 五大步骤　　D. 以上都是

4. 与包容性思维相关的寓言是(　　)。

A. 自相矛盾　　B. 刻舟求剑

C. 田忌赛马　　D. 盲人摸象

5. 下列各项中(　　)项不是包容性思维的基本信念。

A. 一种观点要么正确、要么错误

B. 任何观点都有合理的一面，也有不合理的一面

C. 任何观点都只在一定的情境下成立

D. 矛盾的观点也可以有机统一起来

6. 包容性思维讲到的观点之间的关系不包括(　　)。

A. 对立关系　　B. 协同关系

C. 平行关系　　D. 多重关系

7. 包容性思维的五大步骤可概括为(　　)。

A. 发现合理性→找出限定条件→整合不同观念

B. 提出质疑→努力求证→谨慎判断

C. 客观描述→正反分析→综合创新

D. 提出质疑→发现漏洞→彻底驳倒

8. 包容性思维可导致(　　)。

A. 灵感顿悟　　B. 直觉想象

C. 组合创新　　D. 逆向思维

9. 下列(　　)项描述是比较准确的。

A. 批判性思维最适合讨论和提出方案　　B. 平行思维最适合判断是非对错

C. 包容性思维最适合整合歧见　　D. 论辩式思维最适合发现真理

10. 包容性思维与中庸之道的共同点是(　　)。

A. 不走极端　　B. 包容歧见

C. 妥协折中　　D. 求同存异

二、判断题(请在下面的句子后面的括号内打√或打×)

1. 包容性思维认为任何观点都有合理的一面，在某种限定条件下可以成立。(　　)
2. 包容性思维主张把不同的观点放在一个三维立体空间里思考。(　　)
3. 包容性思维认为由于立场、观点、价值观的不同会存在不同甚至对立的观点。(　　)
4. 包容性思维要求人放弃自己原有的立场。(　　)
5. 包容性思维就是把所有观点相加起来。(　　)
6. 包容性思维适合用于澄清事实。(　　)
7. 六顶思考帽的蓝帽可用到包容性思维。(　　)
8. 包容性思维要以逻辑和理性为基础。(　　)

三、思考题

1. 中国古代有很多看似互相矛盾的成语，如："众人拾柴火焰高"，强调人多力量大；但也有"三个和尚没水吃"，说明人多反而办不成事，试用包容性思维整合这类不同观点。

2. 木桶原理认为：木桶内水的高度不取决于最长的那块木板，而取决于最短的那块木板。要让桶多装水，只能加长短板。人也是如此，要想有更大成就，必须加强自己的弱项。但田忌赛马的典故告诉人们：要想在竞争中取胜，必须扬长避短。人生到底应该补齐短板还是扬长避短？请用包容性思维整合这两种观点。

3. 想想看，还有哪些不同的观点可以用包容性思维进行整合？

教师指引参考

一、教学目标

1. 了解包容性思维的内涵和意义。
2. 掌握包容性思维的基本信念、六种关系与五大步骤。
3. 熟悉包容性思维与批判性思维、平行思维的异同。
4. 了解包容性思维与创新的关系。
5. 懂得运用包容性思维整合不同的观点、概念和理论。

二、教学建议

包容性思维是一种应用广泛的思维方法，可以对很多矛盾的概念、观点进行整合。下面介绍一些课堂教学中的常见案例。

案例一

屈原该不该被纪念？

端午节一般被认为是纪念伟大的爱国主义诗人屈原的节日，划龙舟和吃粽子起源于当年民众划船向水里扔饭团引开鱼儿，以免它们伤害屈原的遗体。但在网上也有不同的声音。有人认为秦灭六国是统一国家的正义之战，屈原试图保卫楚国抵抗秦国是对抗统一的分裂之举，不应该被纪念。虽然多数人未必赞同这一看法，但似乎也提不出有力的反驳意见。到底应该如何看待这个问题？请用包容性思考法整合不同意见。

教师可引导学生们按照包容性思维的五个步骤进行思考。

1. 找出两个需要整合的论点

论点 1：屈原是伟大的爱国主义诗人，应该纪念。

论点 2：屈原是反对统一，主张分裂，逆潮流而动的人物，不值得纪念。

2. 找出各自的论据

论点 1 的支持证据有：

(1) 屈原生于楚国，是楚国人，热爱自己的国家，反对祖国被他国吞并，理所应当。

(2) 屈原品德高尚，忧国忧民，才华横溢，是历史上伟大的诗人。

(3) 屈原只是反对楚国被秦国吞并，并不是反对中华民族的统一，他主张楚国富国强兵，也是为楚国统一天下做准备。

(4) 屈原遭小人陷害，令人同情，纪念他可以弘扬正义，抑恶扬善。

论点 2 的支持证据有：

(1) 春秋战国时期，诸侯之间争战不已，人民深受其苦，统一是大势所趋，符合大多数民意。秦国最强，最具有统一中国的实力，由秦国统一天下，是历史必然。屈原反对秦国统一战争，是螳臂当车，自不量力。

(2) 当前台独、藏独、疆独、港独势力猖獗，纪念屈原容易给分裂势力制造口实。

3. 审视两个论点的合理性及其相互关系

论点 1 的 4 项支持证据都基本具有合理性。但站在统一的立场或秦国的立场，对证据 1 和 3 会有不同看法。

论点 2 的支持证据 1 有部分合理性，但也有不尽合理之处。比如当时各国都想统一天下，到底由哪国统一有一定的偶然性。试想若楚国采纳屈原等人主张富国强兵，未必就一定不能由楚国统一天下；证据 2 的担忧虽有一定的可能性，但也不必过于担忧，台独、藏独、疆独、港独若以屈原为借口并不能站住脚，因为当时楚国、秦国都是各自平等与独立的国家，周朝已名存实亡，秦灭六国并不天然具有法理上的正当性，而是实力使然。而台湾、西藏、新疆、香港都不是主权独立国家，历史上都是中国的一部分。所以不能说屈原是在闹分裂，而台独、藏独、疆独、港独则是在闹分裂，而且不具备法理上的正当性，两者性质是不一样的。

再者，国家之间历史上分分合合，也是一种常态，不能用今天国家疆域范围来苛求古人。不同的时代有不同的价值观，评价一个人要看当时的具体情况。真理是相对的而不是绝对的。爱国爱家乡不仅是中华民族共同的文化传统与价值追求，也符合当今世界各国大多数人的价值观。若否定屈原的爱国主义，那么岳飞、文天祥们的爱国主义就都不能肯定了。即使未来世界大同，天下一统，各国历史上的爱国主义仍然值得肯定。

两个论点的相互关系属于对立关系，对立的原因在于各自的视角不同。

4. 找出两个论点各自的限定条件

论点 1 得以完全成立的前提和限定条件是，屈原的爱国主义精神不能像历史上那样局限于一时一地一族，不能作为分裂的借口，而应上升到整个中华民族共同的精神财富才能成立。

论点 2 的前提和限定条件是，只有在屈原精神被曲解和利用的情况下，论点 2 才能成立。

5. 最后一步，用统一的论述整合不同的观点

屈原是历史上楚国的伟大爱国者和诗人。他人格高尚，忧国忧民，才华横溢，诗作传世。可惜生不逢时，遭小人陷害，最后自沉汨罗江而死，令人惋惜。屈原个人的悲剧，既有时代的大背景，也有其个人与个性等方面的原因。今天屈原的爱国主义精神与传世诗作已成为中华民族共同的精神财富，值得世世代代纪念下去。屈原的个人悲剧也提醒我们应该认清时代发展大势与克服个人局限性。

案例二

补齐短板，还是扬长避短？

请看下面两个例子。

田忌赛马 田忌经常与齐国众公子赛马，设重金赌注。孙膑发现他们的马分为上、中、下三等，于是对田忌说："您只管下大赌注，我能让您取胜。"田忌相信并答应了他，与齐王和各位公子用千金来赌注。比赛即将开始，孙膑说："现在用您的下等马对付他们的上等马，用您的上等马对付他们的中等马，用您的中等马对付他们的下等马。"三场比赛结束后，田忌一场败而两场胜，最终赢得齐王的千金赌注。

这个故事告诉我们：要学会扬长避短，多用自己的长处与别人的短处竞争，才能取得成功。

木桶原理 盛水的木桶是由多块木板箍成的，盛水量也是由这些木板共同决定的。若其中一块木板很短，则此木桶的盛水量就被限制，该短板就成了这个木桶盛水量的"限制因素"。若要使此木桶盛水量增加，只有换掉短板或将其加长才行。人们把这一规律总结为"木桶原理"，或"木桶定律"，又称"短板理论"(或称"短板效应")。

这个理论认为，人的成就高低取决于最短的那块板，而不是最长的那块板。因此要学会补齐短板。

请用包容性思维的五个步骤，整合这两种不同的观点，使之成为统一的论述。

按照包容性思维五大步骤，可以按下面这样进行整合。

1. 找出两个需要整合的论点

论点 1：扬长避短才能取得成功。

论点 2：补齐短板才能提升成功高度。

2. 找出各自的论据

论点 1 的支持例证：飞人刘翔腿长善于奔跑，他成为一名跨栏运动员时获得了世界冠军；因伤退役后离开了自己的优势领域，就没有取得什么成就了。钱钟书当年考清华时，文科成绩优秀，数学分数却不及格，后被清华大学破格录取。钱钟书一生扬长避短，在文学创作和文学评论方面达到顶峰……

论点 2 的支持例证：古希腊演说家德摩斯梯尼，小时候患有口吃，这是他的短板。他经过口含石子在海边练习演说，最终克服口吃毛病，成为闻名全国的演说家；高考时要求各科成绩都比较好才能录取，如果某一科很差，其他科成绩再优秀也可能考不上好大学……

3. 审视两个论点的合理性及其相互关系

两个观点的支持例证都有出处，生活中类似的例子也有不少，因此都有合理性。两个论点在具体情境下都能成立，其实并不矛盾，属于平行关系。

4. 找出两个论点各自的限定条件

当短板主要由先天性或不可抗因素所致，而发挥长处带来的效益超过补齐短板带来的效益时，应该扬长避短。

当短板并非是难以改变的弱点或缺陷(如口吃大都是心理因素所致，并非器质性病变，而且一旦纠正效果很好)，或者在某种要求全面均衡条件的场合(如高考、晋升职称时)，或者补齐短板带来的效益超过扬长带来的效益时，应该补齐短板。

5. 用统一的论述整合不同的观点

人生到底应该扬长避短，还是补齐短板，要看具体的场合、具体的情况而定。当发挥长处带来的效益超过补齐短板带来的效益，且短板是由先天或难以改变的因素所致时，应该尽力扬长避短；当补齐短板带来的效益超过扬长带来的效益，且短板并非难以改变，或者短板成为取得成功的主要障碍时，应该努力补齐短板。

案例三

孔融让梨与约翰争苹果，哪一个更值得推崇?

在“创新思维训练”课程中，我常常会选择中外两个经典故事，让同学们分别用批判性思维、平行思维与包容性思维进行思考。

让我们先来看看这两个经典故事。

孔融让梨

孔融小时候聪明好学，才思敏捷，巧言妙答，大家都夸他是奇童。4岁时，他已能背诵许多诗赋，并且懂得礼节，父母亲非常喜爱他。一天，父亲的朋友带了一盘梨子，给孔融兄弟们吃。父亲叫孔融分梨，孔融挑了个最小的梨子，其余按照长幼顺序分给兄弟。孔融说：“我年纪小，应该吃小的梨，大梨该给哥哥们。”父亲听后十分惊喜，又问：“那弟弟也比你小啊？”孔融说：“因为弟弟比我小，所以我也应该让着他。”孔融让梨的故事，很快传遍了汉朝。小孔融也成了许多父母教育子女的好例子。

约翰争苹果

美国有一位心理学家在全美选出了50位成功人士和50名罪犯，分别给他们写信，邀请他们谈一谈自己的母亲。有一封回信给他的印象特别深。这封信是一位叫约翰的成功人士写来的，信中说：小时候，有一天妈妈拿来几个大小不同的苹果，我和弟弟们都抢着要大的。妈妈把那个最红最大的苹果举在手中，对我们说：“孩子们，这个苹果最红最大最好吃，你们都有权利得到它，但大苹果只有一个，怎么办呢？现在咱们做个比赛，我把门前的草坪分成3块，你们3人一人一块儿把它修剪好，谁干得最快最好，谁就有权得到它。”结果我干得最好，就赢得了最大的苹果。

这两个故事代表了东西方两种不同的文化与价值观。那么到底哪一种做法更值得推崇呢？当我在课堂上向同学们提出这个问题时，大多数同学都认为美国的约翰争苹果中母亲的做法更值得推崇，因为现在是一个竞争的时代，那种凡事礼让三分的观点不值得提倡。然而，随着讨论的深入，大家发现问题不那么简单了。

我让同学们先用批判性思维对这个问题进行讨论，首先是对两种观点与主张提出自己的质疑。

1. 对孔融让梨的质疑：

（1）这个故事是不是真的？

（2）作为孩子，谁都想吃那个最大的梨子，孔融却把大的让给兄弟，自己吃小的，是不是一种虚伪？

（3）大人们为什么要宣传这个故事？

（4）如果人人都按照孔融这么做，会不会造成懒汉思想、没有竞争意识，不利于社会发展与进步？

（5）是不是孔融身体有问题，或者不喜欢吃梨子，所以才装模作样地把大梨让给兄弟？……

2. 对约翰争苹果的质疑：

（1）这个故事是不是真的？

（2）作者似乎想通过这个故事告诉人们，成功人士之所以成功，与小时候父母有意识地培养孩子的竞争意识有关，但这个故事有说服力吗？它是个案还是一种普遍规律？

（3）这个成功人士是家里的长兄，母亲选择让兄弟们割草坪来决定胜负是否公平？因为作为哥哥，其体力智力水平显然优于其弟弟们，所以这种竞争很难保证真正的公平。

（4）母亲做出这样的决定是不是自己懒，想让孩子们帮自己做家务呢？如果所有的好东西都要通过竞争才能获得，是否就一定对社会有利？……

我告诉大家，这两个故事的真假我们暂不讨论，也不去求证，因为无论真假，作者无非是想提倡一种价值观罢了。我们不妨把求证改为思辨，围绕哪一种分配方式更合情合理，哪一种价值观对社会更有利来展开讨论。

对孔融让梨的思辨：

我们先假设孔融让梨时，他的身体状况是好的，他内心也想得到那个最大的梨子，他作出的决定显然是与自己的内心相违背的。但在这个故事的情境中，孔融处在一个决策者或裁判官的位置上，这个位置要求他公平公正地处理这个问题，而不能从个人私利出发来作出决策。孔融只有几个选择：

第一，遵从自己的内心，把最大的梨子留给自己，然后根据关系的亲疏把不同大小的梨子分配给兄弟们。这样做的结果极有可能引发抗议。

第二，用抛硬币或猜拳这类的方法进行分配，这样大家能得到什么样的苹果完全靠运气，怨不得他。但这样做的后果也让人对他产生不负责任甚至逃避责任的感觉。

第三，像美国的约翰分苹果一样，选择一项任务或工作，让兄弟之间开展竞争，获胜者得大梨，失败者得小梨。然而考虑到选择合适的竞争项目有一定难度，而且为了几个梨子搞得那么复杂是否合算，是否被兄弟们集体认同，这个选择也未必是一个最佳的方法。

第四，找出一种说法，或者确定一个原则，然后按原则分配。比如说按照年龄长幼来分梨子，大的得大梨，小的得小梨，因为大的吃得多，小的吃得少；但也可以反过来，小的需要更多的营养，应该吃大梨，大的可以吃小的。这样还是有可能有争论。

最后一个方法就是像故事中的孔融一样，自己先做出表率，然而让兄弟们效仿，这样分梨就不会产生什么争议，也维护了兄弟之间的亲密和谐。但这种做法也确实未能培养孩子自食其力和公平竞争意识。

对约翰争苹果的思辨：

家庭教育对孩子的未来有可能产生深远的影响。母亲显然是想通过这样一种分苹果的方法从小培养孩子自食其力和竞争意识。选择让孩子们通过家务劳动来获得自己应得的成果，显然不失为一种好办法。但如果给每一个孩子都分配同样大小的草坪显然有失公平，因为这种做法显然对年龄大力气大的孩子更有利。如果根据孩子不同年龄分配不同大小的草坪，又容易引起争议，产生斤斤计较的毛病。在这个故事情境里，家长是裁决者，是规则制定者，孩子处于被动与服从地位。如果家长能与孩子们一起讨论和制定规则会更好。有时候，也不是所有问题都要通过竞争才能解决的。比如公交车上给老弱病残让座，就不是通过争而是靠让来解决的。

通过这样的质疑与分析，我们最终可以得出结论：每一种做法都有合理的方面，要具体情况具体分析。

如果用平行思维中的六顶思考帽法进行分析，又会怎样呢？

用六顶思考帽法分析孔融让梨：

白帽：孔融主动将大梨子让给兄弟。

黄帽：这种做法有利于营造和谐友爱的氛围，有利于维护安定团结的环境，对弱势群体比较有利。

黑帽：这种做法不利于营造公平竞争环境，不利于培养自食其力品质和奋斗精神，违背个人本性，甚至可能培养伪君子。

红帽：我喜欢这种做法或我觉得这样做不公平。

绿帽：可以考虑用掷骰子或按需分配的方法来分苹果。

蓝帽：这种做法有利有弊，需要根据具体情况或目的来取舍。

用六顶思考帽法分析约翰争苹果：

白帽：母亲根据孩子修理好草坪的先后来分苹果。

黄帽：这种做法有利于培养公平竞争意识，有利于培养积极上进精神，有利于防止不劳而获，有利于推动社会进步。

黑帽：这种做法对强者有利而对弱者不利，规则由母亲决定而剥夺了孩子的选择权，不利于营造团结友爱的氛围，容易导致个人英雄主义泛滥，造成一人成功而多数人自觉失败的心理阴影。

红帽：我认为这种做法最公平或我觉得这样做不公平。

绿帽：可以考虑用掷骰子或按需分配的方法来分苹果。

蓝帽：这种做法有利有弊，需要根据具体情况或目的来取舍。

最后再用包容性思维来分析这两个故事。

第一步，先找出需要整合的两个论点。

论点 1：孔融让梨更值得提倡。

论点 2：约翰争苹果更值得提倡。

第二步，找出各自的论据。

支持孔融让梨的理论依据是：

——有利于营造和谐友爱的氛围。

——有利于维护安定团结的环境。

——对弱势群体比较有利（在这里可以举出公交车上给老弱病残让座的例子来进行佐证）。

支持约翰争苹果的理论依据是：

——有利于培养公平竞争意识。

——有利于培养积极上进精神。

——有利于防止不劳而获。

——有利于推动社会进步。

第三步，审视两个论点的合理性与相互关系。

两个论点都有部分合理性，它们之间是多重关系。

(1) 对立关系：孔融让梨是站在保护弱者、促进和谐的立场或视角，而约翰争苹果是站在推崇强者、鼓励竞争的立场或视角。

(2) 平行关系：对于既作为决策者又作为受益者的角色（孔融）来说，以身作则是较好的选择；对于只作为决策者不参与竞争的角色（母亲）来说，采取公平竞争方式进行分配利益更大。

第四步，找出两个论点各自的限定条件。

——在亲密关系中或有必要保护弱势群体的场合，或者由参与竞争者之一来决定分配时，孔融让梨的做法更容易被接受。

——在职场上或需要营造公平竞争环境、推动发展进步的场合，或者站在单纯决策者的角度，约翰争苹果的做法更容易被接受。

第五步，用统一的论述整合不同的观点。

孔融让梨和约翰争苹果，到底哪一种方式更值得提倡，取决于具体的场合、目的与个人在其中的角色。在需要鼓励公平竞争、推崇个人奋斗、推动社会进步的场合，或者站在政策制定者的角度，约翰争苹果的做法更值得提倡；在需要保护弱势群体、维系人间温情、促进社会和谐的场合，或者自身处于决策与参与双重角色的身份时，孔融让梨的做法更值得提倡。

第10章　创新人格与创新情境

【本章要点】

1. 什么是创新人格？
2. 创新人格有哪些基本特征？
3. 如何培养创新人格？
4. 什么是创新情境？
5. 什么是心流、高峰体验和高原体验？
6. 如何找到适合个人的创新情境？

10.1　创新人格

人格(personality)，也称为个性，是人类独有的、由先天获得的遗传素质与后天环境相互作用而形成的、具有一定倾向性的、独特和相对稳定的心理特征的总和。人格是一个人整体的精神面貌，包含性格、气质、品德、品质、信仰、良心以及由此形成的尊严、魅力等，是一个人与他人相区别的思维方式和行为风格。

人格有四个主要特征，分别是人格的独特性、稳定性、功能性、统合性。

1. 独特性

人格是先天遗传因素和后天环境因素相互作用的结果。每个人的遗传基因与后天的生存及教育环境各不相同，必然会形成各自独特的心理特点。所谓“人心不同，各如其面”，这就是人格的独特性。但是，人格的独特性不是绝对的，而是相对的，其中既有个性也有共性。人格是共同性与差别性、生物性与社会性的统一。

2. 稳定性

人格具有稳定性。俗话说，“江山易改，秉性难移”，这里的“秉性”就是指人格。当然，人格的稳定性也是相对的，而不是绝对的。在人的一生中，人格并不是一成不变的，而是可塑的。随着生理的成熟和环境的变化，人格也或多或少会发生一定的改变。通过人的主观努力，也可能改变人格的某些方面。正因为人格具有可塑性，才能培养和发展人格。人格是稳定性与可塑性的统一。

3. 功能性

人格决定一个人的生活方式，甚至决定一个人的命运，是人生成败的根源之一。所谓“性格即命运”就是这个意思。当面对挫折与失败时，坚强者能发愤拼搏，懦弱者会一蹶不振，这就是人格功能性表现。积极型人格，表现为健康有力，有助于人的成功；而消极性人格，则表现为懦弱、无力、失控甚至变态。

4. 统合性

人格是由多种成分(如能力、气质、性格、需要、动机、兴趣、理想、价值观和体质等)构成的一个有机整体，具有内在一致性，受自我意识的调控。人格统合性是心理健康的重要指标。当一个人的人格结构在各方面彼此和谐统一时，他的人格就是健康的；相反，可能会出现适应困难，甚至人格分裂。

那么，什么是创新人格呢？创新人格是指有利于创新活动顺利开展的个性心理品质，是有利于创新创造的独特而稳定的思维方式和行为风格。具有创新人格的人具有成为创新人才的潜力。

10.2 创新人格的基本特征

对于创新人格基本特征的研究一般来自两个方面，一种是对历史上创造性天才的生平传记的分析，另一种是对生活中表现出创造力的人群所做的观察和研究。

1. 对创造性天才生平的研究

哈佛大学心理学教授霍华德·加德勒在其所著的《创造力 7 次方》一书中，通过对爱因斯坦、毕加索、弗洛伊德、甘地等七位各个领域的伟大天才的生平与性格分析，对创造力的各种促成因素以及人格特质进行了深入研究，有许多新颖独特的发现。例如他发现 7 位天才在知识与能力(智力水平)方面各有长处和短处，见表 10.1。

表 10.1 7 位天才在知识与能力(智力水平)方面比较

7 个创造力天才	强项	弱项
弗洛伊德	语言和人际	空间、音乐
爱因斯坦	空间逻辑	人际
毕加索	空间、个人、身体	学术
斯特拉文斯基	音乐、其他艺术	
艾略特	语言、学术	音乐、身体
格雷厄姆	身体、语言	逻辑数学
甘地	人际、语言	艺术

从表 10.1 可以看出，这 7 位天才都是在自己擅长的领域取得成功的。从某种意义上看，创造性天才都善于扬长避短。

与传统的观念不同，创造性天才在人际关系与社交方面并不太好，甚至比普通人要差一些，见表 10.2。

表 10.2　创造性天才在人际关系方面的情况

不管他人	与他人相处困难	自认虐待别人
爱因斯坦	甘地	毕加索
艾略特	斯特拉文斯基	
	格雷厄姆	
	弗洛伊德	

创造性天才在社会关系和道德方面并不一定高于常人，他们往往表现得更加以自我为中心，即所谓情商不高，“社会化”程度不好，这使得他们在社会生活中往往处境艰难，尤其在他们出名之前。因此，创造性天才更需要得到社会的包容与理解。著名教育家刘道玉在 2017 年《同舟共进》杂志上发表的《我们该如何对待“天才”》一文中指出：“翻开历史，天才几乎都是孤独和痛苦的，天才与疯子仿佛是同义词。”乔布斯更是直言不讳地说：“向那些疯狂、特立独行、想法与众不同的家伙们致敬。或许他们在一些人看来是疯子，但却是我们眼中的天才。”

创造性天才也并不都很谦虚，他们也需要营销自己。加德勒在书中将 7 位创造性天才进行了对比，得出了以下结论，如图 10.1 所示。

图 10.1　7 位创造性天才在自我推销方面的对比

2. 对创造力的心理学研究

积极心理学家米哈里 · 希斯赞特米哈伊历时 30 年潜心研究，写出了《创造力：心流与创新心理学》一书，该书是研究创造力的经典著作。在书中，希斯赞特米哈伊发现，有创造力的人往往具有十对矛盾的性格。

(1) 富有创造力的个体通常体力充沛，但也经常沉默不语、静止不动。也就是时动时静，动静皆宜。

(2) 富有创造力的人很聪明，但有时也很天真。天真在这里是与聪明相对的，例如在处理人际关系或生活事务中不够老道、比较幼稚，都可视为天真。

(3) 玩乐与守纪律或负责与不负责的结合。富有创造力的人爱玩、敢玩，但有时又很守规则和纪律；在有些方面很有责任心，但在另一些方面又好像不大负责任。

(4) 富有创造力的个体可以在想象、幻想与牢固的现实感之间转换。他们既耽于幻想，又非常务实，能够在理想与现实、虚幻与真实之间自由切换。

(5) 富有创造力的人似乎兼容了内向与外向这两种相反的性格倾向。

(6) 富有创造力的个人非常谦逊，同时又很骄傲。他们在自己熟悉和擅长的领域非常自信，但对于不太熟悉的事物又非常虚心好学。

(7) 富有创造力的女孩比其他女孩更坚强、更有影响力，而富有创造力的男孩比其他男孩更敏感、更少侵略性。这似乎提示我们，更男性化的女孩，和更女性化的男孩更有创造力。

(8) 一个人只有既传统、保守，又反叛、反传统，才能富有创造力。有创造力的人并不是在所有方面都激进、反传统，他们的创造力往往只表现在某些方面，而在另一些方面则可能比常人更保守、更传统。这一点在心理学上可以得到很好的解释。因为创造性工作往往伴随着挑战性，会带来紧张、焦虑与压力，一个人只有在某些方面保守、传统，才能在紧张和压力下保持心理的平衡，使他们能将更多的心理能量用在应对挑战方面。比如我们发现一个在工作中非常富于创造性的人，在生活方面可能表现得刻板、严谨。法国文学家福楼拜有句箴言："在你的生活中保持井然有序……这样，你就能在你的作品中狂野奔放，新颖奇特。"许多有创造力的人都过着标准化的生活，从睡醒的那一刻到上床睡觉的那一刻，几乎每时每刻都做着和前一天相似的事。最典型的莫过于德国哲学家康德，他每天都在相同的时间去镇上广场散步，以至于人们可以根据他的作息来校准手表。

(9) 大多数富有创造力的人对自己的工作充满热情，但他们同样会非常客观地看待工作。

(10) 富有创造力的人的坦率与敏感使他们既感到痛苦煎熬，又享受巨大的喜悦。在取得创新与突破时，他们感到巨大的喜悦；但一旦陷入低谷、停滞不前时，又感到巨大的痛苦。

一篇发表在《心理与行为研究》杂志2018年第1期的论文《创造性认知风格、创造性人格与创造性思维的关系》，将创新性人格分为冒险性、好奇心、想象力、挑战性四个方面；而创造性认知风格包含创新性、效率性和规则性三个维度。创新性指个体思维灵活、想象力丰富、好奇心强、善于从意想不到的角度考虑问题、富有挑战精神和冒险精神；效率性指个体谨慎、细致、持久性强、善于在常规工作中高效率地完成任务、注重细节和正确率；规则性指个体乐于遵守规则、服从性强、不善于打破常规。创造性思维则包含流畅性、变通性、独创性三个特征。

创造性认知风格、创造性人格与创造性思维这三者之间有密切关系，如图10.2所示。

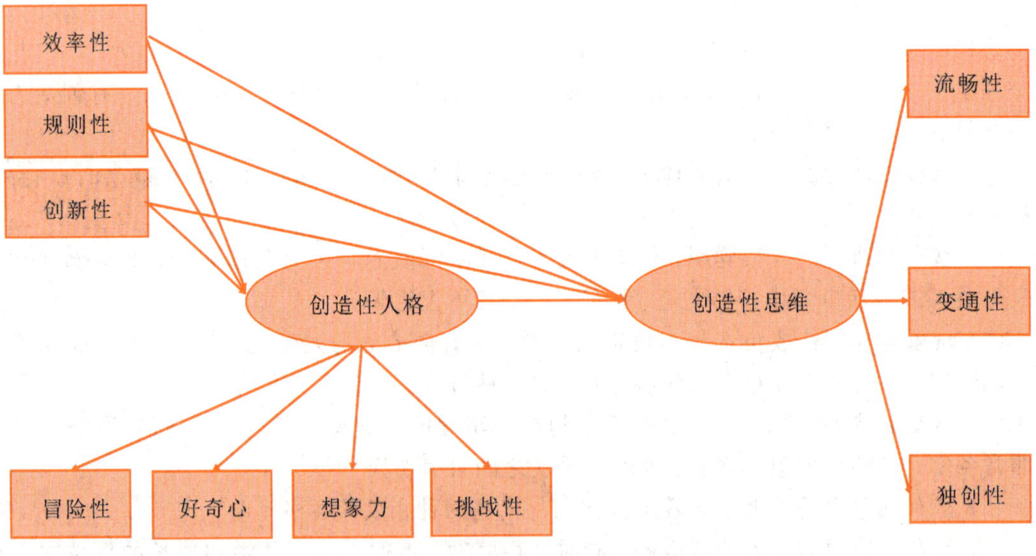

图10.2　创造性认知风格、创造性人格与创造性思维这三者之间的关系

研究发现，认知风格中的创造性对创造性人格有正相关关系，而规则性、效率性与创造性思维负相关；冒险性、好奇心、想象力和挑战性都与创造性人格有不同程度的正相关关系；流畅性、变通性和独创性也与创造性思维有不同程度的正相关，见图10.3。

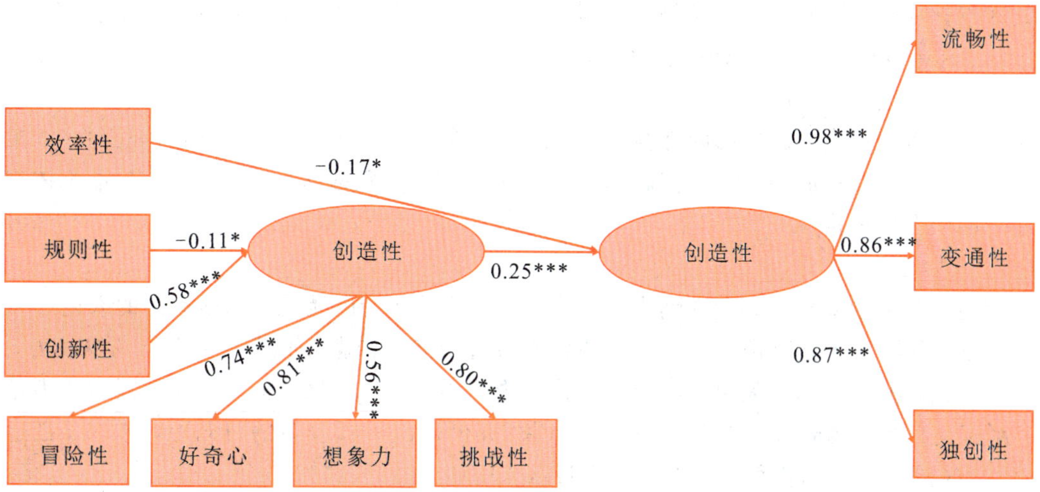

图 10.3　创造性认知风格、创造性人格与创造性思维的关系的调整模型

3. 笔者的个人观点

笔者通过自己长期的研究、观察和实践，认为有创造力的人有如下几个基本人格特征。

1）强烈的创新意识

创新意识就是一种凡事都要求新求异的态度，是一种要求与众不同的个性意识。有创造力的人不仅仅像一般人一样想创新，而是一定要创新！例如大发明家爱迪生就有一个“灵感定额”，要求自己和团队在某一个时间段中必须想出多少个灵感和点子。印度一位哲人说过：多一点点创新的态度，就是创造力！

2）高度的自信

自信是创新的第一步，自信的人才会敢想敢试。有研究发现，越是认为自己有创造力的人，越容易表现出创造力；越是认为自己没有创造力的人，越不容易表现出创造力。毛泽东青年时代就写出“自信人生二百年，会当水击三千里”这样的诗句。这种乐观自信的精神，使他在漫长的军事斗争和革命生涯中，表现出极大的创造性，成为改变中国和世界的伟人。

3）好奇心和想象力

好奇心和想象力是所有富有创造力的人都具有的共同特征。有好奇心才会对大家都习以为常的事物不断提出质疑和思考。爱因斯坦在回答别人问他为什么能发现相对论时说，他幼儿时某些方面比别人发育要迟，所以很多孩子到了一定年龄就不再思考的问题，他在很大的时候才开始思考。爱因斯坦相对于很多大人来说保持了较多的好奇心。想象力也很重要，很多有创造力的人都极富想象力。音乐神童莫扎特回忆：“我的主旋律……在我的脑中几乎是一气呵成，我可以一览无遗地加以检视，有如一幅精致的画作，或是一尊美丽的雕像。”毛泽东既是务实的政治家，也是富有想象力的诗人，浪漫的想象与务实的精神相结合，形成了他的创造力。

4）敢于冒险

有创造力的人大都勇于接受挑战，敢于冒险，不害怕失败。他们对失败有不同于一般人的看法。爱迪生发明电灯时，先后用过上千种材料做灯丝，都没成功。面对他人的嘲笑，他笑着说：“我并没有失败，因为我已经知道了很多种材料不适合做灯丝。”研究表明，有创造力的人并不比一般人失败得少，而是失败得更多。正是因为失败得多，所以成功得也多。反过来，如果你一直很少失败，那就表示你不是很有创造力。

5）鲜明的个性

有创造力的人大都有自己的性格，因为创新思维本身就是一种与众不同的思维。如果没有独立的个性，人云亦云、随波逐流，就不可能有独创性。很多诗人、艺术家的作品都体现了自己鲜明的个性风格。

6）内心充满激情

创造力更多地源自内心的推动力，而不是因为外界功利的诱惑。有创造力的人内心充满激情，当这种激情无处宣泄，特别是被外界压力所压抑时，就会形成一种澎湃的爆发力，通过某一个出口喷发出来。如果引导得当，就升华为创造力；如果方向不正确，则演变为破坏力。画家梵高在冲动时曾割下自己的一只耳朵，并创造出一幅著名的自画像，体现了创造力与破坏力的结合。弗洛伊德理论对此曾有过深入的研究。

7）坚忍不拔

真正的创新常常需要经过漫长的、不被人理解和认可的过程，没有坚忍不拔的性格，很难坚持到最后。印度有一位哲人说过："如果你是真正富有创造力的人，你不见得会拥有名声。真正富有创造力的人要出名，往往得花上很长的时间，因为他必须要创造出价值：一种新的价值、新的标准，唯有如此，他才能够得到适当的评价。通常他至少得等上五十年，往往是在他死了之后，人们才开始懂得欣赏他。"这样的例子，在历史上屡见不鲜。惠特曼和狄金森是美国两位同时代的伟大诗人，被称为"并立的双峰"。他们的诗歌趋于两极，都极富创造性，不被当时大多数人认可。以至于惠特曼在诗中将自己比作"一只无声而坚忍的蜘蛛"，狄金森则寄希望于后世"亲爱的同胞/在评判我时/请用善意"。

10.3 如何培养创新人格

1. 从建立自信开始

自信是创新人格的一部分，没有自信，创新无从发生。一个人要有自信，一个国家要有自信，一个民族也要有自信。自信不是建立在盲目自大的基础之上，而是建立在理性的基础之上的。中华民族历经几千年风风雨雨，一直繁衍生养至今，华人如今遍布世界的每一个角落，具有旺盛的生命力；中华文化虽历经沧桑，却从未中断，至今仍深深影响着中国和世界，并与世界各种文明交汇融合。中国虽然近百年来一度落后于西方，但又很快追赶上来，其中必定有内在深层次的原因。我们没有理由不自信。只要我们把眼光放长放远，就不会被暂时的曲折困难所迷惑。

作为个人也应该自信。每个人都是独一无二的，都有自己的长处和短处。虽然某些方面自己可能不如他人，但一定有其他方面比别人要强一些，关键是要找到自己的长处和优势所在。这也许不是短时间内能够找到的，而是一个漫长的认识自己、发现更好的自己的过程。一般来说，如果某件事你做起来比较容易，而别人觉得不那么容易，这就是你强于别人的地方。努力发现这些方面，把它们发扬光大，你就会越来越自信。

西方心理研究人员曾做过一个实验。向一个学校提供一份学生名单，并告诉校方，他们通过一项测试发现，这几位学生是天才学生，只不过尚未在学习中表现出来。这些学生自然受到校方的格外关注。有趣的是，在学年末的测试中，这些学生的学习成绩的确比其他学生高出很多。其实，这些学生是从学生名单中随意抽取出来的。这个现象被称为“罗森塔尔效应”。

罗森塔尔效应提示我们，心理暗示对人有很大的影响。俗话说：说你行，你就行，不行也行；说不行，就不行，行也不行。这些说法在心理学上是有一定根据的。同样，对自己或他人施加正向的暗示，对激发创造力很有帮助。一般来说，自信的人其平均表现确实要比不自信的人为好。

以下是培养自信的几个建议：

(1) 努力发掘自己的长处和与众不同之处；

(2) 将自己的长处和优势发挥到极致；

(3) 正确看待自己的不足，努力加以弥补，但不要苛求自己；

(4) 看一些创新思维方面的书，坚持进行思维训练；

(5) 扩大自己的知识面和阅历。

2. 培养创新意识和习惯

前文已经说过，强烈的创新意识是创新人格的重要组成部分。应将创新意识融入日常的思想与行动中，逐渐形成一种习惯。关于培养创新习惯，有以下几点建议：

(1) 每天问一问：今天，你创新了吗？

(2) 遇事想一想：有没有新办法？

(3) 留心看一看：有什么要改进的？

(4) 看到问题时：能否换一个角度？

(5) 灵感还没来：换一个环境试试；

(6) 带上记事本：随时记下灵光一闪。

培养创新意识和习惯，可以从日常生活开始。给自己提一个要求：每天创新一点点。比如换一种新的发型，改变一种说话的方式，参加一个新形式的聚会，看一本从来没看过的书籍，做一件以前不敢做的事情，等等。工作的时候，尽量想一些新的办法，既不重复别人，也不重复自己。

日本有家创新公司，为了培养员工的创新习惯，要求员工每天下班后用不同方式回家。开始时，员工自己开车回家，后来坐公交回家，再后来走路回家……最后，实在想不出新办法了，只好倒退着回家。

3. 经常看创新方面的书籍，进行创新思维训练

人的思维就像一部机器，必须经常使用、擦拭，否则就会锈蚀、老化。经常看一些创新方面的书籍、故事，从别人的事迹中受到启发；做一些脑筋急转弯的思维游戏，使僵硬的思想变得柔软，对活跃思维、开发大脑很有帮助。脑筋急转弯最早起源于古代印度，是指当思维遇到特殊的阻碍时，要很快离开习惯的思路，从别的方面来思考问题。现在泛指一些不能用通常的思路来回答的智力问答题。经常做一些脑筋急转弯的游戏，可以让我们的思维始终保持一种活跃、变通的状态，养成随时准备跳出思维定式的意识。

4. 学习和掌握一门艺术

文学艺术最需要求新求异、最忌雷同。文艺创作需要形象思维，艺术家的大脑充满了想

象力。学习和掌握一门艺术，对开发右脑、激发创意很有帮助。了解文艺创作规律，对深刻理解创新本质十分必要。学习自然科学的人尤其需要掌握一门文学艺术，很多伟大的科学家同时也是艺术家。达·芬奇不仅是一位大画家，还是数学家、力学家和工程师；爱因斯坦是天才的物理学家，小提琴也拉得很好，经常登台表演；物理学家玻恩认为广义相对论是“一件伟大的艺术品”。19世纪德国大数学家魏尔斯特拉斯说：“如果一个数学家不具备诗人的某种气质，他就永远休想成为一位大数学家。”契诃夫说：“艺术家的一个感觉，有时可以等于科学家的几个大脑。”这些创造性大师的观点说明，艺术对于创新是何等的重要！像艺术家一样思考，是培养创新思维和创新人格的重要手段。

5. 要懂得取舍

对创造性天才人物的研究发现，这些人大都有一个共性，就是懂得“与魔鬼做交易”。为了实现自己人生最重要的目标，即完成伟大的创新创造，舍得拿某些现实利益去与“魔鬼”做交易。比如牺牲社交、亲情、友情、金钱、荣誉、物质享受、甚至健康等，去换取创新创造所需要的空间和条件。有所取必有所舍，什么都想得到的人最终可能什么都不能得到。

10.4 创新情境

情境，指情景、境地，也指在一定时间内各种情况的相对的或结合的境况。创新情境，指有利于创新创造、有利于创新人才脱颖而出的环境、政策、文化、氛围等。

创新创造，离不开创新人才的产生与贡献；有利于创新的情境，归根结底就是有利于创新人才脱颖而出、发挥才智的情境。那么，什么样的情境有利于创新人才脱颖而出呢？

1. 自由宽松的社会环境

首先，整个社会要有一种自由宽松的环境。在紧张、压抑的氛围下，创意很难产生，创新人才也很难有机会冒出来。自由宽松社会环境的形成，既与某一地区某一时期的政治经济文化状态有关，也与统治者或领导者的开明有关。美国人类学家克罗伯发现，人类历史中有一个奇怪的现象，就是“天才总是成群结队的来”。法国启蒙运动旗手伏尔泰列举了欧洲历史上4个天才辈出的时代，分别是：古希腊伯里克利和柏拉图时代、凯撒和维吉尔时代、意大利的美第奇家族时代、路易十四时代。其中，路易十四时代是最开明的世纪。在这个世纪里，欧洲天才成群地出现，大师辈出。例如数学领域有法国的费马、德国的莱布尼茨和出过10多位数学家的瑞士伯努利家族；天文学领域有德国的开普勒、意大利的伽利略、英国的雷恩、荷兰的惠更斯；哲学领域有英国的培根，法国的笛卡尔、帕斯卡；物理学领域有英国的牛顿、胡克；化学领域有英国的罗伯特·波义耳；医学领域有发现血液循环过程的英国医生威廉·哈维；文学领域有英国剧作家莎士比亚；艺术领域有意大利画家乔凡尼·洛伦佐·贝尼尼、荷兰的伦勃朗、西班牙的埃尔·格列柯等。之所以能出现这么多大师级人物，与路易十四国王的开明不无关系。路易十四在位72年期间，法国成为当时欧洲的科学与文化中心。

我国历史上也出现过大师辈出的时代，如春秋战国时期、唐宋时期、近代的民国时期。其中最著名的是春秋战国时期，这一时期百花齐放、百家争鸣，涌现了一大批思想家、政治家，如孔子、老子、墨子、庄子、鬼谷子、孟子、荀子、韩非子以及商鞅、申不害、许行、陈相、苏秦、张仪等，形成了儒家、道家、墨家、法家、阴阳家、名家、纵横家、杂家、农家、小说家等许多学派。还有伟大的诗人屈原(屈子)，著名的医学家扁鹊等。

唐宋时期是文学兴盛的时代，唐诗宋词是中国文学史上的两颗明珠。这一时期诗人词人辈出，犹如满天繁星。李白、杜甫、白居易、王维、李商隐、张九龄、孟浩然、王昌龄、苏轼、辛弃疾、李清照、柳宗元等，数不胜数。散文方面也有著名的唐宋八大家。

近代民国时期出现了五四新文化运动，也涌现出一大批大师级人物，如鲁迅、胡适、郭沫若、林语堂、茅盾、曹禺、梁实秋、谢冰心、田汉、巴金、夏衍、柳亚子、齐白石、徐悲鸿、张大千、傅抱石、潘天寿、关山月、李可染、丰子恺、梁漱溟、陈寅恪、冯友兰、朱光潜等。

分析这几个时期不难发现，其社会环境都相对宽松自由。原因不外两个，要么因为社会动荡、战争频繁，统治阶层无暇他顾，管控能力有限，社会处于某种无政府或多头管理的状态，如春秋战国时期和近代民国时期；要么社会政治经济发展较好，统治者比较自信、开明，政策措施宽松、包容，如唐朝是中国历史上鼎盛时期，有贞观之治和开元盛世，万国来朝，社会风气非常开放自由，统治者如唐太宗李世民等也比较开明；宋朝虽然军事力量较弱，长期偏安一隅，但社会经济繁荣，是历史上最富裕的时期，宋朝皇帝大都爱好文艺，对文人比较优待。

2. 民主平等的集体氛围

人是社会化动物，大多数人生活在某一个组织、单位、群体之中。从微观环境来看，一个单位或企业越是内部氛围民主平等、管理越是扁平化、人际关系越是融洽，就越有利于创新创造。很多创新型企业，其办公环境有意布置得活泼轻松，内部装潢非常个性化，领导和员工相处融洽，企业文化鼓励标新立异、包容个性、宽容失败。有人认为，看一个单位或个人是否有创新性，可以从其办公桌的状况看得出来。如果办公桌整齐划一，一丝不苟，很可能缺少创造性；而桌面看上去比较凌乱，但乱中有序，则这个人或单位有可能表现出创造性。这一说法不无道理。

3. 不拘一格和多元化的选人用人机制

如果一个社会或组织内部人才上升的渠道不通畅，一切都要论资排辈、循规蹈矩，则即使有创新创造型人才，也很难脱颖而出。战争和动荡时期，之所以容易涌现出一大批各方面人才，与当时形势变化快，急需识人、用人有关。和平时期如何避免阶层固化、体制机制僵化，制度本身也需要不断改革完善。

我国古代有不少关于选才用人的寓言和故事，如“伯乐相马”“千金买马首”“毛遂自荐”等。“马之千里者，一食或尽粟一石。食马者不知其能千里而食也。是马也，虽有千里之能，食不饱，力不足，才美不外见，且欲与常马等不可得，安求其能千里也？”但可惜“世有伯乐，然后有千里马。千里马常有，而伯乐不常有”。不仅如此，嫉贤妒能的人还很多。这也是封建社会后期，社会政治经济科技进步缓慢的重要原因。

改革开放以来，尤其是进入网络与信息社会以来，对创新人才的需求更是与日俱增。现在社会进入数字化管理时代，很多单位尤其是高校对人才实行数字化考核机制，以论文、成果、基金数作为人才考核、职称职务晋升的重要依据。这样做既有优点，也有缺点。因为创新人才往往不喜欢循规蹈矩、按部就班，这种给教学科研人员“计工分”的做法貌似科学，实际有很大的弊病。它容易造成投机取巧、急功近利的倾向，而真正的创新创造需要经过长期艰苦的努力，赶时髦、追热点、凑数目只能产生一批粗制滥造、毫无新意的所谓“成果”，与创新创造完全背道而驰。

于是，一些管理者提出“给中才立规矩，为天才留空间”的管人用人观，这种做法看起来更加合理、开明，但关键问题在于，如何辨别中才和天才？谁来辨别？凭什么辨别？创新人才往往个性有些孤僻、不太善交际，有这样那样的缺点，不大容易讨领导的喜欢。如果把选人、用人的权力，集中在少数领导者的手上，难免会出现各种偏差。

因此，最关键的是建立健全多元化的人才产生、使用的机制，尤其要加强让人才脱颖而出的市场化机制，拓宽人才上升渠道，建立崇尚创新创造的社会风气和文化氛围。鲁迅先生在《未有天才之前》一文中精辟地指出：“天才并不是自生自长在深林荒野的怪物，而是由可以使天才生长的民众产生、长育出来的。所以没有这种民众，就没有天才。”他呼吁人们都来做“有利于天才生长的泥土”。

10.5 心流、高峰体验和高原体验

1. 心流

心流(Mental flow)是一种身心高度投入一项活动时所伴随的积极情绪体验。当人们全身心投入到一项可控又富有挑战性的活动中时，会沉浸在一种忘我的状态中；当活动结束或活动中途、思维离开活动时，会感到满足和享受。

心流概念是米哈里·希斯赞特米哈伊最先提出来的，他也因此被称为“心流之父”。希斯赞特米哈伊认为，使心流发生的活动有多种多样。例如艺术创作、体育运动、棋类活动、游戏活动等，认真专注地从事任何一项活动都可能产生心流。

使心流发生的活动有以下一些特征：

(1) 技能与挑战的平衡。导致心流体验的活动需要有一定的挑战度，与参与活动的人的能力相匹配，既不太难也不太容易，人们可以通过不断练习提高应对挑战的能力。

(2) 活动有清晰的目标。

(3) 活动过程能提供即时的反馈。

(4) 活动要求人的行动与意识融为一体。

(5) 活动能使人处于一种全神贯注的状态。

(6) 人们对这种活动有控制感。

(7) 活动让自我意识丧失，忘记所有忧愁烦恼。

(8) 时间感扭曲。活动时人们忘记了时间，时间过去了很久而自我感觉没过多久。

(9) 以自身为目的(Autotelic)的体验，是人们自己所愿意从事的活动。

产生心流并不需要以上全部特征同时存在。

对许多年轻人来说，玩电子游戏最容易产生心流；而对富有创造力的人来说，从事他们所擅长的创造性活动最容易产生心流，这也是推动他们进行创新创造的原因。

2. 高峰体验

高峰体验(Peak Experience)是人本主义心理学家马斯洛(Maslow，1971 年)最早提出来的，是指人们在追求自我实现(Self-actualization)的过程中，基本需要获得满足后，达到自我实现时所感受到的短暂的、豁达的、极乐的体验，是一种趋于顶峰、超越时空、超越自我的满

足感。在高峰体验时，人会产生一种存在认知，这与一般的认知不同，这种体验仿佛与宇宙融合了，是人自我肯定的时刻，是超越自我的、忘我的、无我的状态。

“这种体验可能是瞬间产生的、压倒一切的敬畏情绪，也可能是转眼即逝的极度幸福感，甚至是欣喜若狂、如醉如痴、欢乐至极的感觉……最重要的一点，他们都声称在这类体验中感到自己窥见了终极真理，事物的本质和生活的奥秘”。

马斯洛曾提出需求层次理论，他把人的需要分成生理需要(Physiological needs)、安全需要(Safety needs)、爱和归属感(Love and belonging)、尊重(Esteem)和自我实现(Self-actualization)五类，依次由较低层次到较高层次排列。在自我需要实现之后，还有自我超越需要(Self-Transcendence needs)，但通常不作为马斯洛需要层次理论中必要的层次，大多数会将自我超越合并至自我实现需求当中。

马斯洛认为，自我实现的人，即处于需要金字塔的顶层的人，更可能发生高峰体验。因为达到这个阶段的人有一种个人发展的需要，他们不会像我们大多数人受焦虑的折磨，对现实进行曲解，这使得他们能更清楚地评判他人和环境。他们可以用很高的心理能力在很多领域，如科学、艺术甚至是社会服务行业表现优秀。

1) 高峰体验的特征

(1) 产生的突然性。高峰体验都以毫无预料、突如其来的方式产生，不受个人意志左右，但可能通过置身于某种环境而诱发出来。

(2) 程度的深刻性、强烈性。这种体验压倒一切，令人欣喜若狂、如醉如痴、欢乐至极，有点类似吸食鸦片。有研究发现，吸食鸦片时，脑内会有一种叫“内啡肽”的物质分泌出来。

(3) 感受的完美性。处于高峰状态时，你会感到才思泉涌、精力空前旺盛，如有神助，正处于自身力量的顶峰，正在最佳地、最充分地发挥自己的潜能，有一种比其他任何时候更加整合(统一、完整、浑然一体)的自我感觉，更少内心矛盾和自我冲突，仿佛步入了天堂，实现了奇迹，达到了尽善尽美。

(4) 结构的同一性。导致这种体验产生的刺激因素各不相同，但主观体验却彼此相似。

(5) 保持的短时性。所有的高峰体验转瞬即逝，虽然其影响和作用可能长期存在，但是处于高峰状态的体验却是短暂的。

(6) 存在的普遍性。它比人们预料的要普遍得多，可能每个人在一生中都曾经遇到过。

2) 心流与高峰体验的区别

心流与高峰体验不同，它们的区别如下。

(1) 来源不同。心流体验出现在人们从事自己喜爱的活动时，而高峰体验一般源自自我实现感。因此，心流体验往往是可重复、可预测的，而高峰体验则是突发的、难以预测的。

(2) 程度不同。心流体验有强度上的差别，包含从中等到高水平的愉悦感。高峰体验要么出现要么不出现，高峰体验程度极其深刻、强烈，远远高于心流体验。

(3) 持续时间不同。心流体验持续的时间因人而异，有长有短；高峰体验大都转眼即逝，非常短暂。

3. 高原体验

马斯洛晚年还描述过另一种超越体验：“不再是一种突发的、刹那间、感性、高潮式的体验，而是一种通过时间、努力、修炼、奉献达到的一种心灵境界，能从现实或永恒两种角度看待生命，从平凡中体会超越。”他称这种体验为“高原体验”(Plateau Experience)。高原体验与高峰体验的相同之处在于都能体验到自身的价值和幸福，但在以下方面不同于高峰体验。

(1) 与高峰体验只是情绪作用不同，高原体验总带有理性和认识的因素；

(2) 与高峰体验的强烈程度不同，高原体验的情绪较为和缓、平静；

(3) 高原体验更多地受人的意志的影响，能为人较随意地引起和控制；

(4) 与高峰体验的倏忽即逝不同，高原体验存在的时间较长；

(5) 与高峰体验的突然发生和不常出现不同，高原体验可通过长期艰巨的努力而得到，且可经常得到，在思想成熟的老年人身上更为多见。

经常处于高峰状态是天才的表现，通过努力将自己经常置于高原体验之中能大大提高创造力。

10.6 如何找到适合个人的创新情境

对于个人而言，我们无法改变大的环境，但可以在一定程度上找到适合自己的创新情境。每个人适合的创新情境是不一样的，需要个人细心发现。可以采取下列提问法进行思考：

(1) 你最近一次脑中有新创意是什么时候？

(2) 那是在一个什么样的场合？

(3) 是什么动机激发了你的创意？

(4) 在什么情况下你最容易有新创意？

通过这样不断地向自己提问和反思，你就可以发现什么时间、地点、环境、条件和工作是最适合你的，是最有利于激发你的创意的。然后，有意识地让自己经常处于那样的环境和状态中。如果发现自己现在的环境或工作并不是最适合自己的，应该想办法改变工作或环境。

国外有研究发现，最容易产生创意的环境是5个B字母开头的环境：酒吧(Bars)、巴士(Buses)、浴室(Bathrooms)、床(Beds)和枯燥的会议(Boring meetings)；最容易产生创意的时间是：早晨刚醒来时、散步时、冲凉时、独处时和睡梦里。这些时候有一个共同特点是，人处于一种放松的状态，左脑对右脑的优势相对减小，意识对潜意识的控制较少，人处于一种自由联想的状态。可见，软性思维对创意的产生非常重要。一旦有了新创意，一定要立即记下来，一刻也不要耽误。因为创意的火花稍纵即逝，过一会很可能就想不起来了。

课外阅读

创新思维歌

《创新思维歌》是笔者2010年为总结课程主要内容而创作的一首七言诗歌，在慕课视频中的第十五讲中有专门介绍。在这里对原诗做了修改完善，使之与课程内容体系更加一致。这首诗朗朗上口，易学易记，可作为掌握创新思维的入门口诀。

创新思维歌

人人都说创新好，人人都道创新难；
说好说难都有理，方法对头也容易。
第一要有创新意，时时鞭策不泄气。
第二要能成习惯，一日三餐求新异。

第三要懂创新理，打破定势是真谛。
第四运用创新法，左脑右脑齐努力。
正面不行走侧面，前进不能倒着行；
硬的不行来软的，逻辑不胜想象赢。

直觉顿悟加联想，移植连接巧借力；
风马与牛不相及，组合重构有新奇；
打破规则求突破，简化思维找捷径。
灵活多变如激流，思维最忌一根筋。

人生在世多歧见，事实观点要分清。
质疑求证慎评判，创新常由批评始；
平行思维换视角，六顶帽子全收起；
冲突矛盾寻常事，包容整合成一体。

第五要有自信心，扬长避短我定行。
第六不要怕失败，勇于探索最要紧。
第七营造创新境，置身其中有奇迹。
第八不能太急切，游戏心态有助益。

第九力求出成果，多为社会造福利。
第十享受创新美，高峰体验乐无尽。
人人齐唱创新歌，人人都做创造人；
日新日新日日新，创造宇宙新天地。

这首诗经修改后分为6小节，每节8句，共48句；每句7个字，共336字。全面概括了创新思维课程的主要内容。

第一小节是全诗的“起”，开头四句表达了人们对创新既渴望又感到畏难的心情；后四句谈到创新意识、创新习惯，将这两点放在第一小节里，足见它们在创新思维中重要性。

第二小节是全诗的“承”，转到对创新思维相关知识的介绍。前两句介绍创新原理，三、四句总括创新思维方法，第五、六句是讲激发创造力第一板斧转变思考方向，第七、八句是指激发创造力第二板斧软性思考。

第三小节第一、二句继续描述软性思考的具体方法，以及相关的扩展方法；第三、四句讲激发创造力的第三板斧强制联想，第五、六句指打破规则与简化思维等扩展方法。最后两句对创新思维特点进行概括。

第四小节是全诗的“转”，进入与创新思维密切相关的三种思维方式介绍。一、二句谈到人类的意见分歧、莫衷一是，应严格区分观点与事实；三、四句概括批判性思维的过程及对创新的作用；五、六句指平行思维和六顶思考帽，最后两句涉及包容性思维的作用。

第五小节还是“转”，涉及创新人格与创新情境的相关内容概述。自信、不怕失败、勇于探索等都是创新人格的特征，扬长避短则有助于建立自信。后四句讲到创新情境，轻松的、游戏化的情境对创意产生有利。

第六小节是“合”，前四句谈到创新的社会价值和个人意义，创新不仅能造福于社会，还能为个人带来高峰体验等美妙感受。第五、六句号召全社会学习创新思维，人人争当创新人才，这也是本课程的最终目的。最后两句化用儒家经典《大学》中的“苟日新，日日新，又日新”名句，为全诗收尾。

学习心得

课后练习

一、单选题

1. 下列哪一项不是适合创新的情境？（　　）

A. 宽松愉快的　　B. 和谐平等的

C. 认真思考的　　D. 庄重严肃的

2. 关于高峰体验的描述，哪一项是不准确的？（　　）

A. 一种欣喜若狂的状态

B. 可能出现体温升高全身发抖

C. 只关心内心的感受，对外界的敏感性下降

D. 觉得没有任何事情可以让自己烦恼

3. 为了找到适合自己的创新情境，我们应该经常问自己哪些问题？（　　）

A. 你最近一次脑中有新创意是什么时候？

B. 那是在一个什么样的场合？

C. 是什么动机激发了你的创意？

D. 以上都是

4. 下列哪一项不是高原体验与高峰体验的不同点？（　　）

A. 前者偏理性，后者偏感性

B. 前者不容易受控制，后者可人为控制

C. 前者较平缓，后者较强烈

D. 前者持续时间较长，后者持续时间很短

5. 下列哪一项不是心流与高峰体验的不同点？（　　）

A. 来源不同　　B. 程度不同

C. 持续时间不同　　D. 作用范围不同

6. 下列哪一项不是创新人才的基本特点？（　　）

A. 情商较高　　B. 智商较高

C. 好奇心强　　D. 敢于冒险

7. 创造性天才与普通人最大的区别在于（　　）。

A. 智商超过常人很多　　B. 意志超过常人很多

C. 体力超过常人很多　　D. 思维方式与众不同

8. 关于创新人格的描述，下列哪项是不准确的？（　　）

A. 创造性天才大都是品德高尚的人

B. 创造性天才失败概率不比普通人少

C. 创造性天才大都比较自信

D. 创造性天才有强烈的自我意识

9. 要成为有创造力的人，应该（　　）。

A. 有强烈的创新意识，培养创新思维习惯

B. 掌握创新思维的原理、方法，经常进行创新思维训练

C. 发现适合自己的创新情境并让自己置身其中

D. 以上都包括

10. 如何才能让创新人才脱颖而出？(　　)

A. 领导者要有伯乐的眼光和胸怀

B. 社会环境要尊重个性、鼓励创新创造

C. 要有不拘一格选人用人机制和多元化人才晋升渠道

D. 以上都需要

二、判断题(请在下面的句子后面的括号内打√或打×)

1. 创造性与天赋没有关系。(　　)
2. 通过训练可以提高创造力。(　　)
3. 提高自信的方法主要靠补齐自己的"短板"。(　　)
4. 每个人都有最适合自己的创新情境。(　　)
5. 玩物丧志这句话对于创新人才来说是不正确的。(　　)
6. 单位里层级太多条块分割不利于激发员工的创造力。(　　)
7. 随大流的思维方式是创新的大敌。(　　)
8. 学习创新思维，重在领悟而不是记忆。(　　)
9. 要随时随地记下灵光一闪。(　　)
10. 我干的是日常工作，无须创新思维。(　　)

三、思考题

1. 对照创新人格特征，思考一下自己可以作哪些方面的改进？

2. 观察一下你周边的人，看看哪些人比其他人表现得更有创造力，这些人有什么共同特点？

3. 想想最适合自己的创新情境是什么？怎样才能做出改变，有意识地让自己经常处于那种情境之中。

教师指引参考

一、教学目标

1. 了解创新人格和创新情境的基本知识。
2. 产生培养创新人格的自觉性。
3. 了解什么是心流和高峰体验。
4. 懂得发现或营造适合自己的创新情境。

二、教学建议

本章主要以知识性内容为主，一般线上学习即可，不一定需要安排课堂练习。教师也可

利用各种方式和途径进行补充讲授或强化学习。创新人格的养成包括意识、能力和行为习惯的培养，非一日之功，需要经过较长时间的努力。在整个课程教学中都应该有所体现。下列做法可供参考。

（1）经常要求学生分享自己的新创意；

（2）让学生留心身边的创新，通过班级微信群或学习平台征集各种生活中的创新故事；

（3）经常利用各种边角时间做一些创新思维游戏；

（4）用创造力测试让学生自我评价自己目前的创造力水平，并进行反思。

在课堂上可让学生做一些自我创造力测试。

1. 尤金创造力测试

美国普林斯顿创造才能研究公司总经理、心理学家尤金·劳德塞，根据多年来对善于思考、富有创造力的男女科学家、工程师和企业经理等的个性和品质的研究，设计了下面这套适用于成人的创造力测试卷。学生花10分钟左右的时间，就可以测验一下自己的创造心理。

答题要求：在每一个题后诚实地用“A”表示同意，用“B”表示不清楚，用“C”表示不同意。然后，根据题后附表经过统计，得到分数和答案。

题目如下：

1. 我不做盲目的事，也就是我总是有的放矢，用正确的步骤来解决每一个具体问题。
2. 我认为，只提出问题而不想获得答案，无疑是浪费时间。
3. 无论什么事情，要我发生兴趣，总比别人困难。
4. 我认为，合乎逻辑的、循序渐进的方法是解决问题的最好方法。
5. 有时，我在小组里发表的意见，似乎使一些人感到厌烦。
6. 我花费大量时间来考虑别人是怎样看待我的。
7. 做自认为是正确的事情，比力求博得别人的赞同要重要得多。
8. 我不尊重那些做事似乎没有把握的人。
9. 我需要的刺激和兴趣比别人多。
10. 我知道如何在考验面前保持自己的内心镇静。
11. 我能坚持很长一段时间解决难题。
12. 有时我对事情过于热心。
13. 在特别无事可做时，我倒常常想出好主意。
14. 在解决问题时，我常常单凭直觉来判断“正确”“错误”。
15. 在解决问题时，我分析问题较快，而综合所收集的资料很慢。
16. 有时我打破常规去做我原来并未想到要做的事。
17. 我有收集东西的癖好。
18. 幻想促进了我很多重要计划的提出。
19. 我喜欢客观而又有理性的人。
20. 如果要我在本职工作之外的两种职业中选择，我宁愿当一个实际工作者，也不当探索者。
21. 我能与自己的同事或同行们很好地相处。
22. 我有较高的审美感。

23. 在我的一生中，我一直在追求名利和地位。

24. 我喜欢坚信自己的结论的人。

25. 灵感与获得成功无关。

26. 争论时，使我感到最高兴的是，原来与我观点不一致的人变成了我的朋友，即使牺牲我原先的观点也在所不惜。

27. 我更大的兴趣在于提出新的建议，而不在于说服别人接受这些建议。

28. 我乐意独自一人整天“深思熟虑”。

29. 我往往避免做那种使我感到低下的工作。

30. 在评价资料时，我觉得资料的来源比其内容更为重要。

31. 我不满意那些不确定的和不可预言的事。

32. 我喜欢一门心思苦干的人。

33. 一个人的自尊比得到他人的敬慕更为重要。

34. 我觉得那些力求完美的人是不明智的。

35. 我宁愿和大家一起努力工作，而不愿意单独工作。

36. 我喜欢那种对别人产生影响的工作。

37. 在生活中，我经常碰到不能用“正确”或“错误”来加以判断的问题。

38. 对我来说，“各得其所”“各在其位”，是很重要的。

39. 那些使用古怪和不常用的语词的作家，纯粹是为了炫耀自己。

40. 许多人之所以感到苦恼，是因为他们把事情看得太认真了。

41. 即便遭到不幸、挫折和反对，我仍然能够对我的工作保持原来的精神状态和热情。

42. 想入非非的人是不切实际的。

43. 我对“我不知道的事”比对“我知道的事”印象更深刻。

44. 我对“这可能是什么”比对“这是什么”更感兴趣。

45. 我经常为自己在无意中说话伤人而闷闷不乐。

46. 即使没有报答，我也乐意为新颖的想法花费大量时间。

47. 我认为，“出主意没什么了不起”这种说法是中肯的。

48. 我不喜欢提出那种显得无知的问题。

49. 一旦任务在身，即使受到挫折，我也要坚决完成。

50. 从下面描述人物性格的形容词中，挑选出10个你认为最能说明你性格的词：

精神饱满的、有说服力的、实事求是的、虚心的、观察力敏锐的、谨慎的、束手束脚的、足智多谋的、自高自大的、有主见的、有献身精神的、有独创性的、性急的、高效的、乐于助人的、坚强的、老练的、有克制力的、热情的、时髦的、自信的、不屈不挠的、有远见的、机灵的、好奇的、有组织力的、铁石心肠的、思路清晰的、脾气温顺的、可预言的、拘泥形式的、不拘礼节的、有理解力的、有朝气的、严于律己的、精干的、讲实惠的、感觉灵敏的、无畏的、严格的、一丝不苟的、谦逊的、复杂的、漫不经心的、柔顺的、创新的、泰然自若的、渴求知识的、实干的、好交际的、善良的、孤独的、不满足的、易动感情的。

尤金创造力测试题计分方法，如表10.3所示。

表 10.3 尤金创造力测试题计分方法

题	1	2	3	4	5	6	7	8	9	10
A	0	0	4	−2	2	−1	3	0	3	1
B	1	1	1	0	1	0	0	1	0	0
C	2	2	0	3	0	3	−1	2	−1	3
题	11	12	13	14	15	16	17	18	19	20
A	4	3	2	4	−1	2	0	3	0	0
B	1	−1	0	0	0	1	1	0	1	1
C	0	−1	0	−2	2	0	2	−1	2	2
题	21	22	23	24	25	26	27	28	29	30
A	0	3	0	−1	0	−1	2	2	0	−2
B	1	0	1	0	1	0	1	0	1	0
C	2	−1	2	2	3	2	0	−1	2	3
题	31	32	33	34	35	36	37	38	39	40
A	0	0	3	−1	0	1	2	0	−1	2
B	1	1	0	0	1	2	1	1	0	1
C	0	0	−1	2	3	3	0	2	2	0
题	41	42	43	44	45	46	47	48	49	50
A	3	1	2	2	1	3	0	0	3	
B	1	0	1	1	0	2	1	1	1	
C	0	2	0	0	2	0	2	3	0	

题 50 分数统计如下：

下列每个词得 2 分：精神饱满的、观察力敏锐的、不屈不挠的、柔顺的、足智多谋的、有主见的、有献身精神的、有独创性的、感觉灵敏的、无畏的、创新的、好奇的、有朝气的、热情的、严于律己的。

下列各词得 1 分：自信的、有远见的、不拘礼节的、不满足的、一丝不苟的、虚心的、机灵的、坚强的。

其余各词得 0 分。

尤金创造力评价如表 10.4 所示。

表 10.4　尤金创造力评价表

得　分	评　价
110～140	非凡
85～109	很强
56～84	强
30～55	一般
15～29	弱
－21～14	差

2. 高夫(H. Gough)形容词检测法

请在下列形容词中选择适合你自己的形容词。

有能力的，易受别人影响的，兴趣狭窄的，聪明的，有信心的，自我中心的，幽默的，平凡的，个人主义的，忠诚的，谨慎的，有洞察力的，理智的，兴趣广泛的，有发明精神的，保守的，有独创性的，沉思的，老实的，好色的，有礼貌的，势利的，多疑的，不拘礼节的，抱怨的，自信的，顺从的，随机应变的。

与创造力正相关的词如下：

有能力的，聪明的，有信心的，自我中心的，幽默的，个人主义的，有洞察力的，理智的，兴趣广泛的，有发明精神的，有独创性的，沉思的，好色的，势利的，不拘礼节的，自信的，随机应变的。

与创造力负相关的词如下：

易受别人影响的，兴趣狭窄的，平凡的，忠诚的，谨慎的，保守的，老实的，有礼貌的，多疑的，抱怨的，顺从的。

3. 创造力评价量规

创造力评价量规是我指导的硕士研究生吴思娜同学，在本课程研究中所采用的一套创造力测试题。试题选自李士、甘华鸣主编的《创新能力训练和测验》一书第 236～245 页。原试题有十三类，限于课堂时间，只选取了其中的六类。每一类测试包含 2 道测试题，测试时只要从每一类题目中抽出一题组成测试试卷即可。可用于本课程教学前后的测试与对比研究。创造力评价指标如表 10.5 所示，创造力测试题及具体评分如表 10.6 所示。

表 10.5　创造力评价指标

评价指标	描　　述
流畅性	适当的答案有几个就给几分
变通性	从几个方面或几个角度回答就给几分
独特性	每个新颖、独特的答案给一分(答案较为新颖和稀有，且只有少于 5%的学生作答)

表 10.6 创造力测试题及具体评分表

分 类	题 号	内 容	测试目的	评分标准
字词流畅	1	请你写出含有“木”的字，越多越好	包括写出带有某一字的词	流畅性：有几个就得几分 变通性：有几类就得几分，例如 1. 左边；2. 右边；3. 在上面；4. 在下面；5. 在中间；6. 部分结构带有木；7. 隐含有“木”；8. 结构中隐含有倒转的“木”：如半，以此类推 独特性：同一类少于 5%
		请你写出含有“火”的字，越多越好		
物体非常用途	2	尽可能多写出铅笔的各种用途	列举某种普通物体的多种可能用途	流畅性：有几个就得几分 变通性：有几类就得几分，例如普通的如写字、画画算一类；称重、做量规等作为一类，以此类推 独特性：同一类少于 5%
		列举砖头的创新用途，越多越好		
构图	3	尽可能地多画出含有“N”形的东西，越多越好	测试发散思维中的多向思维维度	流畅性：有几个就得几分 变通性：有几类就得几分，例如平面的包含“N”的字母作为一类，含有“N”的动物作为一类，含有“N”的工具作为一类，以此类推 独特性：同一类少于 5%
		尽可能地多画出含有“”形的东西，越多越好		
拼凑图形	4	下面所用的两个圆、一个三角形、两条直线拼凑成各种东西，并写出它们代表什么 	把简单图形复杂化，组成尽可能多的、可辨认物体的简图	流畅性：有几个就得几分 变通性：有几类就得几分，例如同一种联想归为一类，比如说同样把给出的曲线看作一种鸟类的头部，只不过区分为鸡、鸭、鹅、小鸟，这些都要归为一类 独特性：同一类少于 5%
		用下面所用的一个圆形、长方形、三角形、梯形构成多种意义的图案，并写出它们代表什么 		

续表

分　类	题　号	内　容	测试目的	评分标准
图形相像的流畅性	5	下面的图形和什么东西相像  下面的图形和什么东西相像 	给被试者一个可以代表很多东西的简单图形，要求指出它像哪些东西	流畅性：有几个就得几分 变通性：有几类就得几分，例如蝌蚪、小鸟等动物归为一类；眼镜、温度计等归为一类；羽毛球拍、乒乓球拍等归为一类 独特性：同一类少于5%
解决实际问题	6	假如一个乒乓球掉进一个很小的洞里，你能用哪些办法把它捡出来？ 迷了路怎么办？写出各种解决办法	给被试者一个日常生活中常会碰到的问题	流畅性：有几个就得几分 变通性：有几类就得几分，例如用小孩的手拿出来，或者用胶水粘出来归一类、倒水到洞中或者用吹风筒吹出来归为一类，扎破球再拿出来归为一类 独特性：同一类少于5%

4. 联想测试

这是笔者在《创新思维训练》课程中采用的一种测试创造力的简单方法。发表于《数字教育》2016年第6期《论联想与创新的关系》一文中。方法如下：让被试者观看一张幻灯片，幻灯片上显示“向日葵”三个大字，或者一张向日葵图片(见图10.4)。

图10.4　向日葵

要求被试者在5分钟内写下看到幻灯片时想到的任何词，写得越多越好。不要犹豫，不要迟疑，想到什么就写什么，时间一到立即停止。统计写下的词的数目，每一个词计1分。得分越高说明思维的流畅性越好。同时按照表10.7进行结果分析。

表 10.7 联想思维结果分析

联想分类		看图片	看文字
近距离联想	符号联想	向日葵、黄色、绿色、叶子、茎、刺、花	花、黄色
	接近联想	太阳	太阳、天、草、土地、云、叶子
	因果联想	瓜子	瓜子
	形象联想		向日葵
	特殊联想	梵高	
远距离联想	相似联想	笑脸	笑脸
	对比联想	月亮、黑暗	月亮、黑暗
	引申联想	开朗、热情、孤芳自赏、追求、奉献、光明、乐观向上、好心情等	追求光明、热爱生活、欣欣向荣、生机、朝气、乐观、爱心等

属于远距离联想的词越多，反映创新思维的潜力越高。

第11章　创新实践

【本章要点】

1. 为什么要开展创新实践？
2. 如何组织开展创新实践？
3. 如何展示创新实践成果？
4. 如何评价创新实践成果？

11.1 为什么要开展创新实践

创新实践是本课程最后阶段的主要教学任务，是课程的高潮阶段；完成创新实践是本课程五大教学目标之一，也是最富有挑战性的目标。

创新实践的意义在于：

(1) 促进学生将从课程学习到的知识和技能，迁移到实践过程中，在实践中加深对这些知识和技能的理解和掌握；

(2) 进一步强化创新意识、培养创新习惯；

(3) 培养协同创新意识和团队合作技能；

(4) 培养动手操作能力、口头和书面表达能力；

(5) 培养精益求精的工匠精神；

(6) 初步检验课程教学效果。

11.2 如何组织开展创新实践

创新实践活动可分为课内实践和课外实践两大类。课外实践包括外出参观(创新工场、创客基地、创新实验室等)、参加创客教育实践、参加学科和专业创新项目、参加学校创新创业教育活动、参加科技竞赛、创新大赛等。这需要专门的教材与指导，已超出本课程范围，此处不再详述。

本教程重点介绍课内创新实践活动。课内创新实践(以下简称创新实践)是贯穿整个课程的任务，并集中在课程的最后几周内完成。

从第一节课的课程介绍开始，就要让学生了解创新实践活动是本课程教学活动的重要组成部分之一。在创造力三板斧训练阶段，要有意识地与最后阶段的创意作品有机结合，但又不宜过多强调，以免破坏课程教学的系统性，使学生产生过强的功利目的，过早地将学习目标锁定在最后的创意作品上。最后的总动员可安排在期末考试前的最后一次课堂练习中。

创新实践的分组，可采用自愿分组、教师分组和随机分组等方法，以学生自愿分组为最佳。教师应在课程教学过程中，通过多次分组活动，为学生创造互相熟悉、交流、合作的机会，为最后阶段的创新实践自由分组做好铺垫。

创新实践活动鼓励以小组为单位完成一到数个创意作品，但也应允许个人独立完成创意作品。小组人数以 3～5 人为佳，最多不宜超过 7～8 人，以作品工作量多少确定。人数过多容易导致“搭便车”现象。小组内应有具体的分工，明确每个人的责任。完成创意作品可采用分工合作方式，即每个人可以只做其中的一部分工作，但必须对作品方方面面都有全面了解。在作品展示和汇报时，可由教师随机指定小组中的任何成员代表小组进行汇报，以避免个别人不认真和“出工不出力”。

创新实践活动以小组或个人制作创意作品为主要内容。创意作品的选题一般可分为两大类：一类是规定选题，另一类是自由选题。

规定选题由教师和学生协商确定。可以规定作品名称，如戒烟广告；可以规定作品主题：如创意礼物；可以规定作品形式，如微视频；可以规定作品素材，如白纸、手机，还可以规定作品展示方式，如创意嘉年华等。规定选题的好处是便于教师指导和统一评价，缺点是容易限制学生思维，导致作品性质和类型比较单一，创意不足，适合学生学科专业比较一致、或教师有某种明确意图的情形。

自由选题则对作品不做任何限制，只要有创意即可。自由选题的优点是能够调动更多人的积极性，作品类型和性质更加丰富，数目一般较多，个人作品的比例有所增加，更容易产生有亮点的作品。缺点是教师指导难度加大，作品良莠不齐程度有所提高，作品的完成度有所下降，作品展示与评价的工作量上升。可以考虑将规定选题与自由选题相结合，以求得最佳效果。

作品的类型可以多种多样，既可以是实物作品，也可以是非实物作品(如各种数字作品、文字作品、设计作品等)，还可以是行为作品。

教师应定期检查创新实践的进展情况，并给予必要的指导与督促。为了协助教师完成课程教学和组织创新实践活动，课程应安排若干助教。助教可由青年教师、研究生和上过本课程的本科生担任。人数根据学生人数和工作量多少而定，一般以 2～4 人为佳。助教不仅协助教师完成各项教学任务，还应参与教学设计。由于他们与学生年龄相仿、经历相近，他们的意见往往一定程度代表了学生的意见，能给教师带来有价值的参考。教师应充分吸纳他们的意见，把他们视为学生一方参与教学设计的代表。

教师应提前准备好进度检查表、作品展示流程和作品评价量规等材料，并根据创意作品性质、种类和数目，做好作品展示活动设计和评价设计。

以中山大学《创新思维训练》核心通识课为例，创新实践活动一般分为 7 个阶段，见表 11.1。

表 11.1 中山大学《创新思维训练》创新实践活动

序号	阶段名称	时间	主要任务
1	前期动员	第 1 周	介绍创新实践开展时间和主要要求
2	前期准备	第 9 周	酝酿创意作品方案，初步产生分组意向
3	开始启动	第 13 周	完善创意作品方案，组成创新实践小组，上报作品方案和小组名单
4	正式实施	第 15 周	学生在教师指导下完成创意作品制作和创新活动
5	修改完善	第 16 周	学生提交创意作品初稿，并在教师指导下完善作品；教师和学生共同设计作品展示方案，公布作品展示名单和顺序
6	作品展示(一)	第 17 周	展示部分作品，开展学生自评、互评，教师评价和第三方评价
7	作品展示(二)	第 18 周	展示剩余作品，开展学生自评、互评，教师评价和第三方评价，进行课程总结、颁奖、课程调查等

11.3 如何展示创新实践成果

创新实践成果通常以创意作品形式进行展示。创意作品的展示包括展示时间、展示阶段和展示方式三个方面。

1. 展示时间

展示时间由教师和学生协商确定，主要考虑是在第一次课展示，还是在第二次课展示、展示先后顺序如何、展示时长是多少等。在中山大学《创新思维训练》核心通识课中，一个 70 人左右的班级，作品数目一般在 20～50 个之间，一般每个作品展示时长在 5～10 分钟，每节课安排 5～10 个作品展示，一共四节课可展示 20～40 个作品。

2. 展示阶段

展示阶段还可分为预展示和正式展示两个阶段。预展示一般在第 16 周初步提交作品时进行，正式展示一般在最后两周(第 17、18 周)进行。预展示较多采用线上展示方式，也可采用线下展示。展示时可选择只向教师公开，或者向全班公开；正式展示则要求向全班公开。设置两次展示有助于提高作品质量，让学生有修改完善的空间。

3. 展示方式

展示方式又分为线上展示和课堂展示。线上展示既可以只面向班级内部，也可选择向社会公开的方式；课堂展示也有多种形式，最常见的是各组在教师主持下轮流上台展示；也可采用游戏、晚会和嘉年华等形式展示，由学生自己策划、组织和主持；如果作品数目较多，时间不够，还可以采用部分作品线上展示，或采用创意超市的形式同时展示，学生巡回观看，投票选出最喜爱的作品等。创意超市一般只适合比较简单、一目了然的实物和图片类作品的展示，见图 11.1。

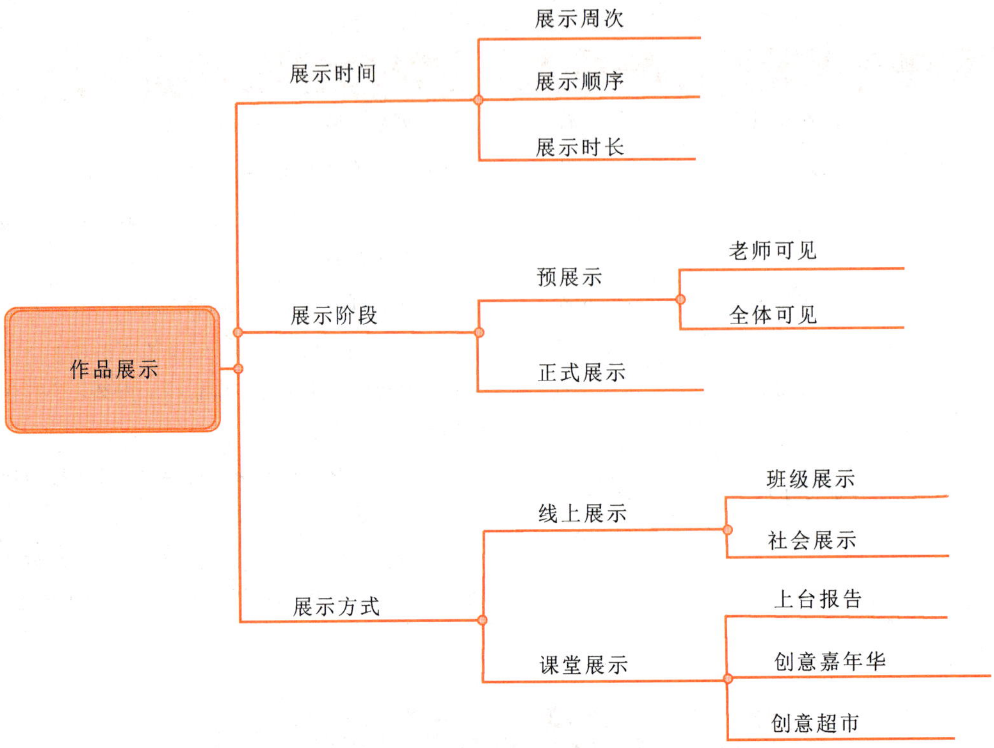

图 11.1　作品展示思维导图

展示作品的种类可有很多种，如音频、视频、图形、图像、文本、动画、PPT、电子杂志、实物、绘画、表演、游戏、行动等。

11.4 如何评价创新实践成果

创新实践成果评价一般采用创意作品评价、老师或嘉宾点评、最后总结等形式。

创意作品评价一般从以下三个方面进行。

(1) 作品创意。作品创意体现在新颖、奇特、意想不到、让人惊喜等方面。对学生作品而言，不一定要求完全是首创，但需要有自己的加工改造在内。

(2) 作品价值。作品是否有用或有意义。可以是实用价值，也可以是精神或审美层面的价值；可以是现实价值，也可以是未来价值。

(3) 作品完成度。作品完成度依作品类型而定。实物类作品以是否做出成品、成品是否完好而定；数字作品要看是否完成、完整，显示是否清楚、流畅；设计作品要看图形图像是否清晰、明了，细节是否完整、具体，说明是否准确、清楚等；行为作品要看表演是否完整、好看，效果是否明显，目的是否达成等；文字、音乐作品也要看形式是否完整，展现方式是否有效等。

三个方面的权重可以由教师确定，或由教师与学生协商确定。如果课程时间紧、实践时间短，可加大创意所占的权重；如果时间较充裕，可加大完成度所占的权重。一般可采用创意占 40%、价值占 30%、完成度占 30%的比例；也可采用创意占 30%、价值占 30%、完成度占 40%的比例。

创意作品的评价量表宜粗不宜细，因为过细的量表貌似科学，实际上不好操作，尤其是在课堂时间有限的情况下，评价时很难逐一细致考虑；加上创意作品种类很多，特征各不相同，很难制订出一个适合各种类型作品的既通用又详细的量表。创意作品评价不同于标准化考试，有时候根据总体印象进行综合评价，反而更加准确。

创意作品评价主体应包括主讲教师、课程助教和学生，有必要时还可邀请嘉宾和社会人士参加评价。

主讲教师可单独对作品进行评分，也可与课程助教或特邀嘉宾组成评审小组，经过协商给出评分；主讲教师或评审小组的评分建议占比 50%以上；学生可开展自评或互评，自评占比不宜超过 20%；互评可采用小组代表制或全体评分制。小组代表制即由每个小组推出一到若干名代表参加评价；全体评分制一般由全班投票或评分，取平均分。全体评分可借助手机 APP 中的投票或评分功能进行，可及时得到平均分值。社会评价可采用微信投票、点赞等方式进行。

教师或嘉宾点评可在作品展示过程中进行，也可在全部作品展示完毕后进行。评价结束后，教师应进行总结和颁奖，对创新实践活动表现优秀的同学进行鼓励。作品评分占课程总分的一部分(如 20%左右)。

课外阅读

创客与创客教育

2005 年 2 月，《MAKE》杂志创刊，这是一本协助读者将自己动手(DIY)的概念运用到生活中所有科技领域的季刊；2011 年初，《MAKE》杂志使用 makerspace.com 作为网址，创客(maker)和创客空间(maker space)的表述就广泛流传开来；2013 年，克里斯·安德森出版《创客：新工业革命》一书，这本书被视为创客运动的理论标志。

最初将英文词 maker 译为"创客"的，是一位叫张浩的深圳年轻人。张浩解释说："我的理解是，我们是一群创造的人，你创造了一个东西，你就是创客，你创造的东西如果具有了商业价值，你就可以选择去创业。"

然而有一些热衷技术的人更倾向于将创客狭义化。狭义的创客是指"一群酷爱科技、热衷实践的人群，他们以分享技术、交流思想为乐，以创客为主体的社区则成了创客文化的载体"。他们的兴趣主要集中在以工程化为导向的主题上，例如电子、机械、机器人、3D 打印等，也包括相关工具的熟练使用，如 CNC(计算机数字化控制精密机械)、激光切割机等。他们善于挖掘新技术，不单有想法，还有成型的作品。他们注重在实践中学习新东西，并加以创造性地使用。

广义的创客是指"出于兴趣与爱好，努力把各种创意转变为现实的人"。他们不是一个模子里铸出来的人，不限于数字技术和工程技术领域，而是有着丰富多彩的兴趣爱好，以及各不相同的特长，其共同特质是创新、实践与分享。这类人一旦聚到一起，相互协调，发挥自己特长时，就会爆发出巨大的创新活力。

将创客理念、创客文化与教育相结合，就产生了创客教育。创客教育也分为“创客的教育”和“创客式教育”两种类型。前者旨在培养创客人才；后者旨在应用创客的理念与方式去改造教育。“创客的教育”以培养创客为目的，主要是在课外时间、在各种创客空间或创客教育场所(无论是在校外还是校内)，对部分创客和想做创客的人进行培训；“创客式教育”是指将创客理念引入课堂，对传统课堂进行改造，结合学校课程，开展创新性学习。创客教育的本质就是创新教育。

创客教育的理念包含以下七个方面。

(1) 将创意变成现实。如果仅仅让创意停留在脑中，或者停留在纸上，那不是创客的作为。创客要求学以致用，将创意变为现实。

(2) 做中学。边做边学，边学边做，为做而学，是创客的学习方式。

(3) 乐于分享。这是创客区别于传统的发明创造者的地方。

(4) 协作学习。创客们往往不是单枪匹马去“战斗”，而喜欢结成小团体，共同完成创意。

(5) 跨学科。创客团队的人员组成和学习，往往不会局限于某个单一的学科和专业，而是跨越多个学科的。

(6) 运用信息技术。创客活动一般都与网络和信息技术密切相关，比如采用开源软硬件、3D 打印技术进行创作，通过网络开展活动或进行创意众筹等。

(7) 工匠精神。指创客对自己的作品不断打磨、精益求精、追求完美的意识与行为。

自组织是创客运动的一个显著特征。自组织意味着自我规划、自我管理、自我实现、自我评价，政府和机构只需要提供一个环境和条件，在需要的时候给予充分的协助就可以了。

美国著名组织工程师妮娜·坦登(Nina Tandon)提出，创客空间设计需要遵循四个原则：就近原则，确保多学科人员彼此接近；依存原则，相互依存才会相互合作；杂乱原则，提供自由讨论和实验的开放区域，而不是整齐划一的单一空间；隐私原则，为创客提供个人隐私空间，因为大多数创新思维发生在私人休息期。

创客教育如果与创新思维训练结合起来，将起到 1+1>2 的效果。

视 频 资 源

2016 年下半年创意嘉年华

2016 年上半年颁奖晚会片段

学生创意作品：《晚安》

学生创意作品：故事与纸

学生创意作品：全息投影

学生创意作品：小小世界

学习心得

课后练习

一、单选题

1. 创意作品的评价一般从哪些方面考虑？（　　）

A. 创意，即作品的新颖性　　B. 价值，即作品的有用性

C. 完成度，即作品的完整性　　D. 以上都是

2. 开展课内创新实践活动的意义不包括：（　　）。

A. 培养多种能力　　B. 巩固课程知识

C. 评价每个人创造力　　D. 培养工匠精神

3. 创意作品可包括哪些类型？（　　）

A. 手工类　　B. 设计类

C. 技术类　　D. 以上都可以

4. 创新实践中学生应该完成哪些任务？（　　）

A. 创意构思　　B. 书面材料

C. 完整作品　　D. 以上都是

5. 作品创意不包括（　　）。

A. 让人眼前一亮　　B. 与众不同

C. 作品展示方式　　D. 仿制网上作品，自己未做改动

6. 作品创意可体现在（　　）。

A. 构思和设计　　B. 制作方式和材料选择

C. 展示和汇报方式　　D. 以上都可以

二、判断题（请在下面的句子后面的括号内打√或打×）

1. 创意作品只能是实物作品。（　　）
2. 完成创意作品一定需要花很多钱。（　　）
3. 创意作品越大越复杂就越容易得高分。（　　）
4. 只要开动脑筋，简单工具和材料也可完成好的创意作品。（　　）
5. 创客只需要将创意构思出来即可。（　　）
6. 创新作品可以在课程教学中的任何阶段做，不一定要等到最后阶段。（　　）

三、思考题

1. 你打算完成一件什么样的创意作品？
2. 在本课程的学习中，有哪些作业或作品可以作为最后作品的基础？
3. 你打算采用本课程学到的哪些激发创造力方法完成自己的作品？

教师指引参考

一、教学目标

1. 了解开展创新实践的目的和意义。
2. 熟悉课内创新实践的过程和要求。
3. 完成创新实践作品。
4. 完成创意作品评价。

二、教学建议

创新实践应结合各校的实际情况进行设计与安排。理想的情况是：(1) 有合适的创新场所，如创客空间、创新工场等；(2) 有经验丰富的创新创业导师；(3) 与某个具体的创新项目相结合；(4) 有充足的经费和设备等条件；(5) 有足够的时间。

如果这些条件都不具备，可结合课程教学内容，开展身边的小创新、微创新活动。教师和学生都应对创意作品的大小、规模、形式有合理的规划与期待。

根据笔者在中山大学《创新思维训练》核心通识课多年的实践经验，大多数情况下，这类单独的课程除有少量经费之外，其他条件基本都不具备。因此，宜鼓励学生开展力所能及的小创新、微创新活动。

学生的创意作品一般分为以下几类。

1. 实物类

学生利用身边的废弃物品和廉价材料如包装盒、易拉罐、吸管、纸张、碎布、食品、树叶、木块、小配件等制作小的创意物品。如带二维码的树叶书签、食品拼画、生活用品、手工制品、夜晚用的光影伞、带有警示效应的创意烟盒、具有环保功能的创意瓜子袋等。

2. 科技类

学生利用自己掌握的知识，设计或制作一些科技类产品。如用电脑和手机制作的全息投影、用数字技术制作的心型闪烁动画、用软件技术设计的图书馆空位查找系统、用新技术编制的密码文件等。

3. 数字作品

学生用电脑和数字技术制作的各种微视频、微电影、小动画、电子游戏、电子杂志、其他电子和数字作品等。

4. 文艺创作

学生利用个人才艺创作的诗歌、歌曲、音乐、绘画、摄影、舞蹈、小说、故事等。如用7种绘画技巧绘制的雄鸡、自编的舞蹈、自创的歌曲、自编的乐曲、诗配画、一个人的乐队表演、手绘作品等。

5. 活动类

学生发起的公益活动、通过实地考察绘制美食地图、家乡的景点介绍、通过明察暗访为学校提出的改进工作建议、新概念演说等。

6. 综合类

很多作品由上述两类或三类组合而成。如将创意作品的制作过程和最后成果拍成微视频，或者用情景剧表演方式展示创意作品等。

囿于自身的知识、能力、时间、精力等，教师很难对每一类创意作品进行具体的指导，更多的时候只能在组织与评价方面下功夫。应及时掌握学生作品信息和制作进度，并为学生提供力所能及的帮助。

以下是创新实践环节经常需要准备的几种表格，如表 11.2、表 11.3、表 11.4、表 11.5 所示。

表 11.2 创意作品中期汇报表

创意作品名	
小组成员名单（不超过 7 人）	
联系人姓名及手机	
成员详细分工	
创意作品类型	
创意作品简介	
前期准备工作	
作品进度安排	
拟展示方式	
需要哪些帮助	

表 11.3 创意作品期末展示安排

展示序号	作品名称	作品类型	小组成员	展示时间	展示方式	备注
1						
2						
3						
4						
5						
6						
7						

表 11.4　创意作品评分表

作品编号	作品名称	创意得分(40%)	价值得分(30%)	完成度得分(30%)	总分

表 11.5　创意作品期末汇总表

作品编号	作品名称	作品类型	小组成员	个人学号	互评得分	老师评分	其他评分	作品总分

第12章 创新与智能时代

【本章要点】

1. 什么是智能时代?
2. 智能时代知识和学习发生了哪些变化?
3. 智能时代创新思维为什么越来越重要?
4. 如何利用信息和人工智能技术促进创新创造?

12.1 智能时代

人工智能(Artificial Intelligence，AI)是研究、开发用于模拟、延伸和扩展人的智能的理论、方法、技术及应用系统的一门新的技术科学。人工智能是计算机科学的一个分支，它企图了解智能的实质，并生产出一种新的能以人类智能相似的方式作出反应的智能机器，该领域的研究包括机器人、语言识别、图像识别、自然语言处理和专家系统等。

智能时代是以人工智能技术普遍应用为显著特征的时代。在这一时代里，人和万物互联互通，借助人工智能技术进行信息的智能化生产和加工处理，智能机器人成为人类的超级伙伴，甚至有可能与人类融为一体，共同组成一个人—机社会。智能时代与网络时代一脉相承，都是信息技术和数字技术飞速发展所带来的社会形态。如果说网络时代是信息(数字)时代的初级阶段，那么，智能时代就是信息(数字)时代的高级阶段。

12.2 智能时代知识发生了哪些变化

网络诞生以来，知识已经发生了很多变化，出现了一些新的知识形态：第一类就是软知识，第二类新出现的知识叫“人—机知识”。

1. 软知识

软知识(Soft knowledge)是一种正在形成过程中的知识，它来源于实践，具有实用性、时效性和情境性，但尚不成熟，尚未被专家学者加工整理成系统化的知识。与软知识相对应的知识就是硬知识，硬知识(Hard Knowledge)是经过专家学者的加工整理，已经结构化、系统化，被写进教科书和专著，并为公众普遍接受的知识。大家在学校课堂里学的大多数是硬知识。

软知识和硬知识之间没有绝对的分界线，区别软知识、硬知识最主要的指标是知识的稳定性。稳定性体现在知识的内涵、结构、价值三个方面，三个方面都稳定、不再变化的知识是最硬的知识，三个方面都不稳定的知识是最软的知识，大部分知识介于这两者之间。

软知识在不断建构过程中，大部分被淘汰或更新迭代，只有极少一部分会变成硬知识。随着网络和信息技术的快速发展，软知识大量出现，并且越来越重要。现在在网上和生活中，像雨后春笋一样产生出来的新名词、新概念、新理论、新技术、新模式、新事物，在还没有被专家学者结构化、系统化，写进专著和教科书之前，大都属于软知识。

为什么会出现软知识呢？是因为网络与信息技术的发展。过去，人们只能依靠语言和文字来记录、传播知识，这使得知识的保存与传播受到限制，只有一小部分经过专家学者加工整理，形成文字，编辑成书本的知识，才得以保存，并传播开去和传承下来。人类从实践中获得的大量的认识、经验、技能等，都因为没有及时变成可流传的文字而被遗漏；甚至有些已形成文字的知识，也因为文本的丢失而失传。很多关于古代社会的知识，需要通过考古发掘，才能重见天日。这也导致我们以往的知识观念，局限于那些被写进经典著作中并得以传承的内容。

现代信息技术和网络的飞速发展，使得人类的认识、经验和技能等，可以事无巨细、原汁原味地得到记录与保存，并通过网络快速分享与传播。其中很大一部分还没有经过专家学者的加工整理，没有形成结构化系统化的知识体系，即以音频、视频、动画等多媒体形式广泛传播，并得到学习、仿效和应用。比如现在大家每天刷的“抖音”中，就有不少软知识。知识不再仅限于书本中的内容，还包括那些音视频、动画、虚拟现实、增强现实、混合现实中等的内容，其中相当多的内容甚至无法单纯以文本形式来呈现。知识的生产不再属于专家学者的专利，而成为广大网友“众筹”的成果。

2. 人—机知识

“人—机知识”(Human-Computer Knowledge)。这种知识是由人和智能机器人共同生产的知识。

人工智能诞生之前，信息的加工、处理，知识的生产、应用，都是由人类自身完成的。技术及其产品可以代替人类完成许多体力劳动，能够帮助人类获取单靠感官无法获取的信息。例如显微镜和望远镜可以帮助人类看到肉眼无法看见的微观世界或遥远宇宙；计算机能够帮助人类完成许多复杂的计算工作。但没有一项技术可以代替人类思考，没有一项技术能够生产知识。

人工智能诞生之后，情况就有很大的不同。智能机器在很多方面开始取代人类的大脑，对信息和数据进行分析、加工与处理，从而产生出某种意义上的“知识”。例如人工智能可以根据 DNA 序列“猜出”蛋白质的三级结构，从而大大降低人类通过其他方法发现蛋白质三级结构的成本。这类知识可以被人类了解并使用，但人类并不知道机器推导的具体过程。又比如一台学会自动驾驶的汽车，可以瞬间“教会”100 万台自动驾驶汽车，只要把自己的参数集复制到其他汽车上即可，机器之间的协同行动因而也变得非常容易。由于这类“知识”是以参数集的形式存在的，对于人类来说无法表述，因而很难在人类之间传播，但在机器之间传播却非常容易。这些知识的产生需要人类工程师与智能机器的分工合作才能完成。人类工程师负责设计算法、制作智能机器、用大数据对智能机器人进行训练，在关键节点上进行决策；

智能机器人则通过对海量数据的深度学习，获取大量关于事物之间相关性的知识，弥补人类脑力的不足，常常能有人类意想不到的新发现。人—机知识大都是以数据和参数集的形式存在的。

12.3 智能时代学习发生了哪些变化

既然知识发生了变化，学习也不能不发生变化。以往我们都重视对硬知识的学习，未来硬知识可能更多地被智能机器人掌握。举两个小例子，2017 年一个智能机器人参加高考，考试科目是数学，只花了 10 分钟就做完了全部试题，仅仅比当年的人类状元少得了一分。另一个例子也发生在 2017 年，智能机器人与人类教师比赛教孩子学数学，一个叫智适应系统的智能机器人教一个班的孩子，另一个班的孩子由三位人类的数学教师来教。比赛结果是智能机器人教的那个班孩子的数学考试成绩，比人类教师教的班要高很多。这两个例子说明，智能机器人不仅能学会人类教科书里的硬知识，还可以教人类的下一代学习这些知识。

已经有越来越多的需要用常规思维完成的工作被智能机器人取代。以医学领域为例，智能机器人不仅可以看 CT 片、诊断疾病，还可以开处方、做手术。不仅如此，在一些被认为需要创造力的领域，智能机器人也开始与人类一争高下，如智能机器人可以作诗、作画、作曲、对对联、撰写新闻报道，等等。尽管这是否代表真正的创造力还可以讨论，但智能机器人正变得越来越聪明，在某些方面甚至远远超过人类，确是不争的事实。未来会有越来越多的人类工作由智能机器人完成，大多数用硬知识就能解决的问题，将逐渐由智能机器人去解决，而且它们比人做得更快、更好，更少出差错。

过去我们学习书本上的硬知识，是为了传承前人的知识，未来这个工作将由智能机器人去完成。人类将把更多的精力，用于学习、建构软知识方面。学习软知识不仅需要硬思维，更需要软思维和创新思维。因为软知识并不是已经被加工好、建构好的，只等着我们去学习和掌握，而是需要我们共同加工、改造、甚至从头创造。

软知识产生快、更新快、淘汰也快。因此，对软知识的学习是一个零存整取、不断重构的过程，知识的迭代更新成为常态。大家只要想想每隔几年，手机和计算机软硬件，以及相关的理念、概念、方式、方法就更新迭代一番就可以理解了。

今天，如果我们谁说只读书不读网，只学习硬知识不学习软知识，那么，你就很可能接触不到这个时代最前沿的思想观念与新生事物，你就很可能不能理解这个时代发生的种种变化，你就很可能难以预测未来的走向与趋势。一句话，你就很可能落后于这个时代。

信息与智能时代的知识呈爆炸式增长，任何个体都只能拥有极少一部分，知识在网络各个结点中散在分布。这导致要处理如此庞大的知识体系，绝非人类个体所能做到，需要一种分布式认知与思维，即建立一种团队学习理念，通过人与人、人与机器之间的互动合作来完成每一项稍微复杂点的任务。今天个体的学习不再是最重要的，团队的学习才更有优势。组织一个知识互补的团队，开展合作性质的学习，才是成功的关键。当然，团队学习也要以团队中每一个个体的学习作为基础，同时，任何团队中都需要一个灵魂人物，起着把握方向与集大成作用。

12.4 智能时代创新思维的重要性

智能时代，人类应该学会智能机器人不会做的事情，与智能机器分工合作，完成各种未知的任务，应对全新的挑战。一般认为，情感领域和创新领域是智能机器人不太擅长的领域。但 AI 技术的进步，使得智能机器人能够通过分析人类的语言、声调，捕捉面部和肢体的微表情、微动作，结合人体大脑和身体的电信号，敏锐判断人类的情感状态，从而更有效地进行情感沟通。智能机器人可能比我们自己更了解我们的身体和心理状态。从这个角度看，未来人类在情感领域也未必一定有优势。创新是人类唯一可以与智能机器人分庭抗礼、齐头并进的领域。只要人类无法完全了解自己的大脑，人类就不可能制作出跟人类大脑一模一样的人造大脑机器。因此，未来无论智能机器人的计算能力发展到何种程度，无论智能机器人在思维的单向度上超过人类多少倍，都必定与人类思维不尽相同。

创新思维具有流畅性、变通性和独特性三大特征，妨碍创新最根本的原因是心智枷锁和思维定式，激发创造力的关键就是要打开心智枷锁、突破思维定式。人类思维在流畅性上也许比不过智能机器人，但在独特性、变通性上则具有较大优势，这是人类创造力的主要来源。只有将这一优势发挥到极致，人类才具有与智能机器人的竞争力。因此，培养人类的创新意识、创新思维、创新能力是智能时代教育最核心的内容。

12.5 人—网合作与人—机合作加快创新速度

1997 年，卡斯帕罗夫与名为“深蓝”的计算机对弈之后，提出了“人加机器”的概念，即在比赛中用人工智能增强国际象棋选手水平，而不是让双方互相对抗。事实上，从网络诞生之日起，人类的学习已逐渐从单纯的人类自身学习，走向人—机合作式学习。人—机合作将使创新如虎添翼。

1. 人—网合作

人—网合作是指人类主动利用网络获取信息与知识、进行社会化交流协作，以完成学习与创新任务的新方式。通过人脑内部的神经网络与互联网的连接，有助于高效地完成自主性学习任务，加快知识创新的速度。举个例子，我们要获取某个信息或知识，很多时候不必再跑到图书馆或书店，去一本本、一页页查找，而可以通过网络检索快速获取；在网上我们可以找到很多问题的参考答案，启发我们自己的思考；我们要进行发散思维，不仅仅可以自己在脑中思考，还可以在网上利用检索工具输入关键词进行图片、文字等的检索，大大扩大我们联想的范围与深度；我们还可以通过网络跟世界上富有创意的人进行交流、合作，开展在线头脑风暴……总之，网络正日益成为人类工作、学习、生活的助手和伙伴，必将极大地提高人类学习与创新的速度。

2. 人—智能机器合作

当人工智能全面到来之际，人与智能机器的合作就变得越来越重要。人—智能机器合作在人—网合作的优势之上，更增加了大量“智能”的成分。智能机器不像网络一样，主要提供学习的工具、环境、平台、资源等，而是“独立”地参与信息与知识的加工处理，甚至可以与人类合作学习与创新。未来的创新团队中，既有人的参与，也有智能机器的参与。讨论问题解决方案时，人类可让智能机器人提供意见与建议；运用六顶思考帽法思考时，可让智能机器人扮演白帽的角色，为团队提供客观的事实与数据；还可扮演绿帽的角色，通过大数据收集各种有创意的解决方案；需要学习某种创新所需要的硬知识时，可以让机器人来教我们；需要运用某类硬知识解决问题时，也可寻求智能机器人的帮助。

例如我们要做一个科学研究，智能机器人可以帮助我们收集、阅读、理解某一领域的海量文献，并总结已经提出过的研究问题，已经做过的实验和结果，甚至根据文献的逻辑自洽性对文章结果提出疑问，从而进一步提出新的研究问题建议；待我们作出选择之后，再根据实验设计，协助我们完成实验的准备、操作和数据整理分析等工作。在对未知领域探究的过程中，智能机器人可以充当人类的研究生和技术员角色，大大加快研究的进度和准确性，提高探索与发现的效率。

未来，随着脑机接口研究的发展，人类与智能机器的结合有可能越来越紧密，最终出现人与智能机器连成一体的更具创造力的“超级人类”。

课外阅读

脑机接口最新进展

2020年初，被称作“美国科学狂人”的马斯克在社交媒体上作出预告称，脑机接口技术将有重大升级，或在当年投入应用。该项技术是通过一台神经手术机器人，在脑部无痛穿孔，继而向大脑内快速植入芯片，完成植入后可通过USB-C接口直接读取大脑信号，甚至可用iPhone控制信号。

具体来说，通过一台神经手术机器人，像微创眼科手术一样安全无痛地在脑袋上穿孔，向大脑内快速植入芯片，然后通过USB-C接口直接读取大脑信号，并可以用iPhone控制。

马斯克这个“大开脑洞”的方法，可以分为三个步骤：

(1) 头骨穿刺：马斯克新推出的“打孔器”，可以使用激光在头骨上钻孔，不像以前脑袋打洞，这种办法微创、无血、安全！

(2) 植入芯片：马斯克开发了一种定制芯片，植入大脑后，可以更好地读取和放大来自大脑的信号。

(3) 引出信号：使用一种直径4～6微米，连头发丝的1/10都不到的线，把芯片读取的大脑信号传送出来！

脑机接口是目前最前沿的研究领域，它研究的是在人或动物脑与外部设备间建立直接连接通路，以实时翻译意识，最终做到人类与人类之间、人类与机器之间自由传输思想、下载思维。这个技术实现后，人类可以不用说话，只要通过意念，就可以随心所欲地来控制外物，以意驭物！甚至还可能通过脑机接口，让我们短时间内拥有大量的知识和技能，获得一般人类无法拥有的超能力；并且不用语言，仅靠大脑中的脑电信号就可以彼此沟通，实现“心心相印”的大脑信息传输！

目前马斯克正在老鼠身上测试，计划下一年实现第一次人类测试。

视 频 资 源

王竹立 TED 演讲：智能时代学习

学 习 心 得

课后练习

一、单选题

1. 迄今为止，智能机器人在思维的哪一方面比人类要强很多？（　　）

A. 思维的流畅性　　B. 思维的变通性

C. 思维的独特性　　D. 思维的敏锐性

2. 关于软知识的描述，下列哪一项是不正确的？（　　）

A. 软知识是正在形成的知识　　B. 软知识大多数是前沿知识

C. 软知识不如硬知识稳定　　D. 软知识不如硬知识有用

3. 今天的学习应该（　　）。

A. 只读书不读网　　B. 更多地使用硬思维

C. 更注重人—机合作　　D. 更强调个人学习

4. 人—机知识是（　　）。

A. 人类不知道的知识　　B. 智能机器人才懂得的知识

C. 人类与智能机器人共同生产的知识　　D. 人类无法利用的知识

5. 人类与智能机器人相比，更擅长（　　）。

A. 对硬知识的学习　　B. 在逻辑推理方面

C. 在情感领域　　D. 在创新创造领域

6. 网络与智能技术在下列哪方面可以帮助人类创新？（　　）

A. 收集、整理、分析信息

B. 提出参考性意见和建议

C. 对大数据进行深度挖掘寻找隐秘的相关性

D. 以上都是

二、判断题（请在下面的句子后面的括号内打√或打×）

1. 知识仅仅是指那些被专家学者写进书本中的内容。（　　）

2. 智能机器人也可以加工和生产知识。（　　）

3. 区别软、硬知识最主要的指标是知识的稳定性。（　　）

4. 数据和参数集不能算作知识。（　　）

5. 学习和建构软知识更需要创新思维。（　　）

6. 学习软知识应采用零存整取、碎片重构的方法。（　　）

三、思考题

1. 想象一下人工智能时代创新创造前景。

2. 写一篇关于智能时代的科幻小说。

3. 你认为未来智能机器人会不会超越或统治人类？为什么？

教师指引参考

一、教学目标

1. 了解人工智能的基本知识。
2. 了解智能时代知识和学习发生的变化。
3. 产生学习创新思维的强烈需要和紧迫感。
4. 了解智能时代的发展趋势和对创新的影响。

二、教学建议

本章是对未来人类创新前景的展望，属于前沿和扩展性学习内容，期望引起学生们的深度思考，产生学习创新思维的强烈需要和紧迫感。教师可利用课内外知识向学生分享关于人工智能进展方面的知识，有时间和条件时可开展对未来时代的大胆想象。

案例一

以《明天》为题创作诗歌

2019 年 08 月 24 日，我以《明天》为题创作了一首诗歌。

明　天

明天，我要和机器人恋爱
只是它越来越聪明
会不会看得上我

明天，我要让机器人为我干活
不过我所有的决定
都来自它提供的信息

明天，我想找个收入高的工作
结果我发现
所有岗位只招机器不招人

明天，我想回到人类的中间
才发现离开了机器
我早已寸步难行

明天，我发现自己越来越像机器
甚至我的大脑
也被机器置入芯片

明天，我不再属于我自己
而变成整个机器网络的
一枚小小的螺丝钉

明天，我不知道还有没有明天……

诗歌完成后，我把它发到朋友圈。华南师范大学的焦建利教授看后，也写了一首诗。

明　天

作者：焦建利

明天，机器人会变得更加聪明
可无论它多么聪颖乖巧
我也不会跟它谈恋爱

明天，机器人注定会为我们
提供更多的信息，
但无论如何，它都是人的奴隶

明天，我想找个收入高的工作
结果我们发现，所有岗位只要
会驾驭机器的人，而不是机器

明天，无论科技多么发达
我们始终是人类的一员
无论多么高级的机器，依旧是人的玩意

明天，我发现自己越来越像机器
而机器也越来越像人
但毕竟人永远是人，而机器永远是机器

明天，我不再属于我自己
可什么时候我们属于过自己
机器，或者你我，莫不是社会的螺丝钉

明天，太阳一定还从东边升起……

紧接着，上海师范大学的黎加厚教授也和了一首诗。

明　天

（根据竹立老师作品改编）

作者：黎加厚

明天，我离不开机器人，
因为它越来越聪明，
可怕的是——比你优秀的机器人还在努力深度学习！

明天，机器和我一起生活，

不过，我们分工合作
机器做我不能够做的事情。

明天，我的外孙女大学毕业找工作
结果她发现
负责招聘的人力资源主任也是机器人！

明天，在大街上人们打招呼
所有的人都在互相问好：哈罗！你是不是机器人？

明天，我发现自己就是机器人
我的大脑和 AI 融合
智能芯片都是国产组件！

明天，我欢呼新时代的灿烂
整个地球变成了智能世界
老红军梦想的楼上楼下
已经变成全球智慧物联……

这三首诗，正好反映了对智能时代前景的三种不同预测。我们意犹未尽，根据黎教授建议，又通过焦建利教授的微信公众号向全国网友征集以《明天》为题的诗歌创作，主题是对人工智能时代的教育畅想。一共收集到 200 多首各具特色的诗歌，并评出了一、二、三等奖。

教师可布置类似的练习或作业，让学生在课内或课外完成。

案例二

开展智能时代应该如何学习的讨论

教师可组织学生观看笔者 2017 年 TEDx 上发表的演讲视频，题目是《如何在这个快速发展的世界里保持学习》，副标题是《人工智能时代的学习》(可直接百度搜索题目，或点击网址：https://v.youku.com/v_show/id_XMzEwNzMxNTE3Mg==.html?fromvsogou=1&ctid=16be3949de72c4ed&refer=pgy_operation.wulin.tl_00003189_1000_mymaia_19060400)，然后就这个话题开展讨论。

案例三

如何运用创新思维应对未知的挑战

2019 年 12 月开始，我国武汉地区爆发新型冠状病毒肺炎，疫情迅速蔓延到全国，甚至世界其他国家和地区。为应对严峻的形势，湖北武汉及很多地区采取了封城行动，全国城乡也实行严格的交通管制。政府号召人们尽量留在家中自行隔离。工厂停工、商场停业、学校停课，一时间整个社会暂时停摆。教育部要求各级学校延迟开学，并发出“停课不停学”号召，建议各校开展在线教育和在线学习。但由于事前准备不足，在线直播出现了很多问题，如网络崩溃、师生忙乱、家长抱怨等。在这种非常时期，教育教学到底应如何应对突发挑战，引起各方讨论。

教师可结合时事，组织同学围绕这个问题展开头脑风暴，运用创新思维提出应对未知挑战的思路和办法。

附录 课程教学设计范例

本范例参照中山大学本科核心通识课“创新思维训练”线上线下混合式教学进度安排，根据真实教学情况按每周一例撰写，见下表：

中山大学“创新思维训练”核心通识课教学进度安排

周次	课 程 内 容	上课地点
1	课程介绍＋什么是创新思维	课室
2	创意自我介绍＋分组＋思维游戏	课室
3	思维导图课堂练习(一)	课室
4	线上学习：心智模式与心智枷锁、思维导图及其创新应用等	在线
5	思维导图课堂练习(二)	课室
6	线上学习：转变思考方向、软性思考	在线
7	创造力三板斧课堂练习(一)	课室
8	线上学习：强制联想、简化思维、移植借鉴	在线
9	创造力三板斧课堂练习(二)	课室
10	线上学习：批判性思维与平行思维	在线
11	三种思维方式课堂练习(一)	课室
12	线上学习：包容性思维、创新情境、创新人格等	在线
13	三种思维方式课堂练习(二)	课室
14	期末测验	课室
15	准备创意作品	自定
16	提交创意作品	在线
17	创意作品展示(一)	课室
18	创意作品展示(二)与课程总结	课室

附录1　第一周教学设计范例

教学主题：课程介绍与“什么是创新思维”

教学方式：课堂教学(2 学时，每学时 45 分钟)

授课人数： 70 人

学前分析：

本章内容学习安排在本课程的第一次课进行，对于学生的选课和后续的学习有深远影响。学习者可能来自不同年级、不同专业甚至不同学校，年龄和前期基础各异，对创新思维抱有不同程度的好奇与期待，对课程内容和教学方式有不同的想象和猜测。

本次课除课程介绍外，还将进入第一章内容的学习。第一章内容对应慕课视频的第一讲，主题是“什么是创新思维”。这是学生第一次接触到的课程内容。学生对创新和创新思维一般都有朦胧的认识，但并不清晰；常常认为创新就是发明前所未有的东西，是少数人才能做的事情。

本次课采用教师讲授、播放视频、趣味测试、游戏活动等教学方法与教学策略，并通过课堂提问、观察和课间访谈，了解学生对课程的兴趣和内容掌握情况。

第一节课教学流程

教学意图	步 骤	具体内容	时 间
通过一个新颖别致的开头，引起大家对课程的兴趣	创意自我介绍	教师采用一张五指图和一首诗，向学生介绍自己(见下文中的相关 PPT)	5 分钟
通过播放课程介绍视频，让学生了解课程基本情况	创新思维训练介绍视频	介绍视频包括课程简要建设过程，获奖情况、教学设计原则、教学目标、主要内容、学习方法、评价方式、以往教学影像、教学效果等	10 分钟
建立联系，为以后发放课程通知、补充资料、答疑解惑、沟通交流等提供方便	微信建群	采用面对面建群方式，将全体学生联系在一起，并向群里发放第一个通知：本学期教学进度表，以方便学生了解与保存	5 分钟
保证学生对课程有全面了解	请学生提问	就课程相关问题回答学生的提问，解除学生顾虑等	5 分钟
通过创造力测试，了解学生基本情况，以便课程结束时作为对照	尤金创造力测试	课前将测试题上传至问卷星，将测试题的二维码在屏幕上展示，让学生用手机扫描二维码做答，并记住自己的得分情况	10 分钟
通过一个热身游戏，活跃学生思考，为下节课营造良好氛围	火柴游戏	参见前文热身游戏一和热身游戏二	10 分钟

相关教学 PPT 节选见右下方二维码：

注意事项：

课程介绍要尽可能系统、全面，又不失简洁、明了，能解答学生对课程的全部困惑和问题，对课程产生浓厚兴趣。可以通过视频介绍，也可通过口头讲授。测试也可以采用其他创造力测试方法。例如可以给学生看一张图片，让学生在 5 分钟内记下联想到的任何词。引导学生对想到的词进行分类，并统计结果。想到的词越多，表示思维的流畅性越好；词能分成的类型越多，表示思维的变通性越好；想到的词越独特（很少有人和你想到相似或相近的词）表示思维的独特性越好。

相关教学 PPT 节选

第二节课教学流程

教学意图	步 骤	具体内容	时 间
通过启发学生思考，为下节课授课内容做好铺垫	头脑风暴	关于“创新”你会联想到哪些词？可先让同学们自己思考，在纸上记下自己想到的词，然后举手或点名回答，还可引导学生用“创新”作关键词，去百度检索相关图片，发表感想	10 分钟
通过慕课视频第一讲，让学生了解相关知识，同时体验在线学习方式	观看视频	播放慕课视频“什么是创新思维”，中间适当停顿，让学生思考。告诉学生以后可以在课外开展慕课线上自学	15 分钟
通过慕课课后练习，检查学生对第一讲内容学习情况	课堂小测	包括单选题、判断题和主观题等	5 分钟
通过课堂讨论澄清一下认识误区	全班讨论	问题：1. 博学之后才能创新吗？2. 创新是天才的专利吗？先提问，让学生思考后作答；教师加以引导，并补充相关证据阐述知识与创新的关系，和人人都能创新的意识（参见下文相关 PPT）	10 分钟
布置课后作业，为下节课做准备	布置课后作业	1. 要求学生课后采用图文并茂形式准备自己的创意自我介绍； 2. 自行下载安装课程教学用的 APP（如超星学习通），并加入线上课程班级	5 分钟

相关教学 PPT 节选见右下方二维码：

注意事项：

知识与创新的关系是一种辩证的关系，让学生深刻理解这种关系有利于后续的学习。教师应引导学生不要将重心放在某些概念和理论的理解和记忆上，而应更注重对创新本质的领悟与实践；树立人人都可创新，创新应从我做起，从身边小事做起的意识，逐步养成创新思维习惯。这是本节课的重中之重。

相关教学 PPT 节选

附录2 第二周教学设计范例

教学主题： 创意自我介绍＋分组＋思维游戏

教学方式： 课堂教学(2 学时，每学时 45 分钟)

授课人数： 70 人

学前分析：

本章内容一般安排在第二次课堂教学时进行。第一次课堂教学时曾布置学生准备创意自我介绍作品，本次上课可利用该作品让学生互相认识与熟悉，并完成小组学习活动；同时还要检查学生安装学习用的手机 APP(如超星学习通)的情况，并让学生体验手机 APP 平台的基本功能；最后通过一组游戏和练习，让学生进一步了解心智模式与心智枷锁的基本概念及对创新思维的阻碍，并反思自己的心智模式。

第一节课教学流程

教学意图	步骤	具体内容	时间
通过诗歌分组法，让学生快速按位置坐好，并组成临时学习小组，以方便后面的活动开展	诗歌分组	1. 教师根据学生人数，选择或自创一首诗歌，字数与人数相当，参见下文相关 PPT； 2. 将诗歌中的每一个字写在一张标签纸上，随机发给每一个学生，注意每组男女比例的平衡； 3. 将诗歌显示在大屏幕上，让学生根据自己拿到的文字，按照诗歌排行就坐，每一句诗自然代表一个小组	课前 5 分钟
让学生通过创意自我介绍彼此认识和了解	自我介绍	学生在小组内互相利用自己课前准备的作品进行自我介绍，并选出最佳的自我介绍创意	10 分钟
通过部分优秀自我介绍作品的交流分享，活跃课堂气氛	展示点评	教师选择若干小组的最佳作品在全班分享，并进行点评	5 分钟
通过手机签到，检查学生安装课程 APP 情况，并初步体验其主要功能，为以后的学习做好准备	平台体验	用手机学习平台(如超星学习通)进行签到，并为学生演示其基本功能，以及讲解如何用该平台开展线上线下混合学习的具体方法，参见下文相关 PPT	10 分钟
通过磁力棒游戏，让学生体验合作学习方法	小组游戏	给每个小组发一套磁力棒，让学生拼装出一个想象中的物体，并给与命名，然后拍照上传到学习平台上，并通过投屏展示在屏幕上，让学生通过手机平台的评分功能进行投票评分，参见下文相关 PPT	20 分钟

相关教学PPT节选见右下方二维码：

注意事项：

本次课堂教学对后续的学习非常关键，首先通过创意分组让学生初步熟悉，并掌握本课程线上线下学习的基本方法、工具和要求。同时通过小组合作游戏，让学生初步体验小组合作的过程。磁力棒有很多细小的组件，极易滚落地上造成遗失，其组装方式丰富多彩、需要想象力，此活动要求小组成员分工合作互相配合。如果没有磁力棒，也可采用其他小组合作游戏方法达到同样目的。

相关教学PPT节选

第二节课教学流程

教学意图	步骤	具体内容	时间
通过一个热身游戏活跃思维	热身	向学生展示一个旋转的美女动画(参见下面相关PPT)，让学生看她是向哪个方向转？部分人只能看到一个方向的旋转，另一部分人能看到两个方向的旋转，间接反映大脑的灵活转换性	5分钟
通过颠倒绘画让学生感受转变视角突破思维定式所带来的感受	颠倒绘画	将学生随机分为两组，一组同学画正像，一组同学画反像，然后比较哪组同学画得好的更多	20分钟
让学生通过深度反思与交流，发现自己的心智模式	反思交流	让学生在小组中反思与讨论下列问题： 1. 你思考问题时有哪些常见习惯与方式？ 2. 你有没有发现生活中有哪些事情的结果跟你原来的判断不符？你预测或判断错误的原因是什么？你当时是怎么解释导致误判的原因的？现在有没有新的解释？ 3. 向小组内其他人谈论你对某人或某事的看法，然后认真倾听别人对你的看法的评价，看看有什么不同并反思是什么导致了这种不同？ 4. 向你一贯认为天经地义的事情提出质疑和挑战，看看这种质疑和挑战会带来什么结果或新的视角	10分钟
分享个人心智模式，总结本次课程学习成果	分享总结	让学生把自己发现的思维定式或心智模式分享给大家。教师对本次课堂教学进行总结	10分钟

相关教学PPT节选见右下方二维码：

注意事项：

颠倒绘画应选择某个不太复杂的人像，人像太复杂短时间内学生画不完；人像太简单则不容易观察出不同绘画方法的差异。教师最好自己先在课前试试，看看完成一幅绘画需要多长时间，以便课堂上灵活掌握。反思心智模式关键在于让学生掌握深度反思方法，勇于向大家敞开心扉，教师最好能先自己做一个示范，并营造一个良好的课堂气氛。

相关教学PPT节选

附录3 第三周教学设计范例

教学主题：思维导图课堂练习(一)

教学方式：课堂教学

授课人数：70 人

学前分析：

大多数学生在中学的时候没有学过思维导图，有一小部分学生学过，个别人比较熟悉。第一次思维导图课堂练习主要安排对思维导图的一般介绍和手绘作业。思维导图在慕课中是在第七讲时介绍的，第三周尚未开始线上学习活动，所以宜在课堂中做一些介绍，但不宜与慕课视频的内容过多重复，可重点介绍思维导图的绘制方法。

第一节课教学流程

教学意图	步骤	内容	时间
通过讲授让学生对思维导图的特点和手绘要求有所了解	讲授	1. 思维导图的来源 2. 思维导图的组成要素 3. 思维导图的手绘方法 4. 手绘思维导图的注意事项	15 分钟
通过画思维导图归纳一篇文章的要点，掌握思维导图的基本绘制规则	个人手绘	选择本教程中的一段文字(如思维导图的手绘方法)，要求学生用思维导图将其中的要点归纳出来，要求主题明确、层次清楚、绘制规范、图文并茂、内容全面、用词精准，参见下面相关 PPT	15 分钟
通过作品展示和点评，强化对思维导图的认识和理解	展示点评	1. 要求学生将自己所绘思维导图，用手机拍照上传学习平台讨论区，供大家浏览。 2. 教师对其中有代表性的图形进行分析和点评	10 分钟
布置分组任务，让学生之间进一步互相认识和熟悉，同时为下节课练习做准备	布置分组	要求学生在课间休息的时候自主组成 6～7 人小组。可对小组的构成提出要求，如必须有男有女，必须有一个不认识的同学，必须有一个不同专业的同学，必须有一个不同年级的同学等，没有组队成功的同学可由教师另行安排	5 分钟

相关教学 PPT 节选见右下方二维码：

相关教学 PPT 节选

注意事项：

(1) 本课程之所以对学生多次分组，是为了让更多的同学相互认识，为课程最后阶段的创新实践做好准备。这一点需要在上课时向学生说明，以得到他们的理解与配合。

(2) 对手绘思维导图的评价，不宜过多强调绘画技巧，而应重点关注是否符合绘制规则、关键词选择是否精准、分类是否恰当、层次是否清晰、逻辑是否严密、概括是否全面等。

第二节课教学流程

教学意图	步骤	具体内容	时间
通过分组就坐，为后续活动做好准备	分组	学生按照上节课间休息时的分组就坐；未自己分好组的同学可由老师随机安排组成小组，给每个组发放大张的白纸和彩色铅笔等	5 分钟
学生自我介绍互相熟悉	自我介绍	学生可采用图形、文字或口头向全组同学做简单自我介绍	5 分钟
教师通过讲授，让学生了解本次练习的要点	布置练习	要求小组同学合作创作一份集体思维导图，要求包含组名、小组 LOGO、小组成员的组成和个人介绍等内容，要求每个人参与并有明确的分工，见相关 PPT	5 分钟
学生通过集体绘图进一步掌握思维导图的手绘方法	集体绘图	集体酝酿、绘制图形	20 分钟
通过作品展示与互评，激发集体荣誉感	作品评价	教师要求各小组简单介绍自己的集体思维导图，并进行点评或小组互评	10 分钟

相关教学 PPT 节选见右下方二维码：

注意事项：

让小组集体完成一幅思维导图，看似耗时低效，实则另有深意。小组成员互相自我介绍，协商小组名、LOGO 设计、思维导图构图方式、分工合作等，都有利于达成开展头脑风暴、激发集体智慧、培养合作意识、加深相互了解等课程教学目标。教师不仅自己应该对此有深刻理解，还应该让学生们也了解这一点。不应以单纯的知识传授效率来衡量这节课的教学效果。

相关教学 PPT 节选

附录4　第四周教学设计范例

教学主题：心智模式与心智枷锁、思维导图及其创新应用等

教学方式：线上学习

授课人数：70人

学前分析：

本周是第一次线上学习时间。学生虽不用到课室，但依然要在规定时间内签到、参加学习和各种在线活动，完成一次虚拟课堂教学。这样做的目的是为了促进学生的在线学习，提高在线学习质量，检验在线学习效果，为线上线下混合式教学的开展提供保障。前一周课堂练习时，已让学生安装了线上学习APP，并熟悉了线上学习的基本方法。

线上学习导学案：

一、学习目标

1. 了解什么是创新思维？创新由哪两个基本要素构成？
2. 了解是什么妨碍了我们的创新？要想创新最关键的是要打破什么？
3. 了解心智模式是如何形成的？心智模式有哪两个特点？
4. 了解常见的心智枷锁有哪些？反思自己的心智模式；
5. 了解思维导图及其创新应用。

二、学习内容

1. 在线观看慕课视频第一讲什么是创新思维、第二讲心智模式和心智枷锁(上)、第三讲心智模式和心智枷锁(下)和第七讲思维导图及其创新应用；
2. 阅读教材中的相关章节内容；
3. 完成相关章节的课后练习题。

三、学习建议

最好是用学习平台中的笔记功能记下学习过程中的所思所想，并向同学们分享。

四、思考问题

1. 知识与创新的关系是怎样的？知识越多是否越有利于创新？
2. 请反思你自己有哪些心智模式。
3. 思维导图由哪些基本要素构成？
4. 思维导图有哪些用途？

五、拟提问题

你打算向老师和同学们提出的问题是什么？

线上学习流程

教学意图	步骤	具体内容	时间
提前让学生了解在线学习内容和要求，以便选择时间自主学习	发布导学案或导学直播视频	一般在班级微信群发布，保证所有学生都能看到。导学内容包括学习目标、学习内容、学习建议、思考问题、拟提问题等	在指定线上学习时间前3天左右发布
指定线上学习时间签到，营造虚拟课堂氛围	上课签到	在专门为学生留出的在线学习课（与课堂练习上课时间一致）开头时签到，签到时间可比课堂教学时签到时间要长，从而有一定弹性	持续30分钟
给未提前完成在线学习的学生留出自学时间	在线自学	签到后学生即可在手机平台上继续完成线上学习内容	60分钟
通过发起讨论或游戏，检查学生在线学习情况，激发深度思考	讨论或练习	一般可在讨论区提2～3个问题（参见前面线上学习导学案），让学生在线自由回答；也可由教师通过平台选人或抢答功能，指定学生回答；还可布置练习或游戏，让学生完成后在线提交。教师应全程参与讨论，并在线给予必要的指导和引导	60分钟，下课后24小时内仍可继续作答
通过下课签到，检查学生持续在线情况	下课签到	在指定学习时间到了之后，再次签到，但学生仍可继续学习或回答问题、完成作业和练习等	持续30分钟
教师通过手机直播，总结本次在线学习情况，解答疑难问题、安排后续学习等	总结直播	直播内容包括对本次在线学习情况的回顾与评价；对一些讨论或游戏中的问题进行口头解答；对下一阶段的学习提出建议和要求等	5～10分钟，允许回看

注意事项：

在线学习缺乏集体学习氛围、对学生的自律性要求较高，学习效果因人因课而异。对于公选课性质的课程来说，在线学习质量尤其需要引起高度重视。如果要求学生只用课余时间进行在线学习，会增加学生的学习负担，挤占学生正常休息、娱乐与其他活动时间。教师应该拿出一部分课时给学生进行在线学习，同时又要保证在线学习时间被充分使用和在线学习效果，因此，采用在规定时间签到、讨论、活动、直播等办法，营造虚拟课堂氛围，不失为一个有效手段。所有学习活动都将通过学习平台的记录功能记录在案，作为统计平时成绩的数据之一。

附录5 第五周教学设计范例

教学主题：思维导图课堂练习(二)

教学方式：课堂练习

授课人数：70 人

学前分析：

上次课堂练习已经练习了思维导图的手绘方法，本周课堂练习重点是练习思维导图的机绘方法和思维导图的创新应用方法。

第一节课教学流程

教学意图	步骤	具体内容	时间
要求学生提前做好机绘思维导图的各项准备工作	课前准备	1. 提前通知学生在笔记本电脑中安装好思维导图作图软件，如 Mindmapper 等； 2. 要求学生带笔记本电脑来上课或安排在计算机课室上课	上课前
让学生掌握机绘思维导图方法	补充讲授	1. 教师示范思维导图的作图软件工具的安装和使用方法； 2. 以一个具体案例示范机绘思维导图过程； 3. 提供逐步操作指导材料(视频或文字)	15 分钟
介绍课堂练习要求	布置任务	教师布置机绘思维导图的课堂练习及要求，机绘思维导图应包含各基本要素和超链接	1 分钟
学生通过个人练习掌握思维导图机绘方法	课堂练习	学生以“我是谁”“我的大学生涯”“我的学习计划”“我的兴趣爱好”等为中心词，任选一个用计算机作图软件绘制思维导图	20 分钟
通过作品展示与点评交流经验	展示评价	教师要求学生将机绘作品拍照上传到平台讨论区，并进行分享、点评、比较手绘与机绘各自的优缺点	9 分钟

相关教学 PPT 节选见右下方二维码：

注意事项：

机绘思维导图要求包含思维导图组成的五大要素，如中心主题、多级分支、关键词、联系线、颜色和图形图像等，还要有机绘思维导图的独特功能，如超链接等。如果不是每位同学都有笔记本电脑，可以将手绘练习与机绘练习合并在一起进行，部分同学先手绘、另一部分同学先机绘，然后再交换。

相关教学 PPT 节选

第二节课教学流程

教学意图	步骤	具体内容	时间
通过教师示范，引入思维导图的创新用途	示范	教师展示用思维导图绘古诗的方法(参见相关PPT)	5分钟
让学生了解本次课堂练习的内容和要求	布置练习	要求学生自选一首古诗，采用手绘或机绘方法，用想象、比喻、象征等手法绘制思维导图	20分钟
通过作品展示与评价，分享成果交流经验	展示点评	要求学生将自己的作品拍照上传到学习平台讨论区，互相浏览、评价；教师可选出部分优秀作品进行点评	10分钟
通过一些案例介绍拓展学生对思维导图用途的认识	案例介绍	教师通过案例与视频，介绍更多的思维导图使用方法和效果	10分钟

相关教学PPT节选见右下方二维码：

注意事项：

本节课重点介绍思维导图的创新应用方法，与后面的激发创造力三板斧密切相关，教师要处理好与后续课程的联系及时间和活动分配问题。

相关教学PPT节选

附录6　第六周教学设计范例

教学主题：转变思考方向、软性思考

教学方式：线上学习

授课人数：70 人

学前分析：

本周为第二次线上学习时间，学生已有相关经验，在线讨论时，应重点考虑课程教学内容前后衔接问题。

线上学习导学案：

一、学习目标

1. 了解什么是激发创造力三板斧？
2. 转变思考方向有哪几种主要方式？哪些方法可以帮助转变思考方向？
3. 软性思维是一种什么样的思维？它与逻辑思维是什么关系？如何进行软性思维？

二、学习内容

1. 在线观看慕课第四讲转变思考方向和第五讲软性思考视频；
2. 阅读教材相应章节内容；
3. 完成相关章节课后练习。

三、学习建议

最好是用手机中的笔记功能记下你学习过程中的所思所想，并在微信群或手机平台上向同学们分享自己的学习笔记。

四、思考问题

1. 为什么要转变思考方向？如何转变思考方向？
2. 软性思维与逻辑思维有何不同？软性思维在创新中的作用是什么？
3. 思维导图在转变思考方向和软性思维中有哪些作用？

五、拟提问题

你打算向老师和同学们提出的问题是什么？

线上学习流程及注意事项：

同第一次在线学习流程和注意事项。

附录7 第七周教学设计范例

教学主题：创造力三板斧课堂练习(一)

教学方式：课堂练习

授课人数：70 人

学前分析：

经过前一段课程的学习，学生对创新思维和妨碍创新的心智枷锁，以及思维导图有了一定的了解，开始进入如何突破心智模式、打开心智枷锁的“激发创造力三板斧”的核心内容学习阶段。这一阶段内容多、练习多，而学习时间有限，需要进行精心设计与安排。

第一节课教学流程

<table>
<tr><th>教学意图</th><th>步 骤</th><th>具体内容</th><th>时 间</th></tr>
<tr><td rowspan="5">通过提问、布置任务、在完成任务中遇到困难、引导学生转变思考方向、最终完成任务的过程，让学生理解转变思考方向的重要性和好处</td><td>提问</td><td>向学生提问：什么是激发创造力三板斧？对三板斧内容进行复习</td><td>3 分钟</td></tr>
<tr><td>布置任务</td><td>信息检索：请查找《碎片与重构》进入“2015 年度中国影响力图书”榜单的网上证据(参见相关 PPT)</td><td>1 分钟</td></tr>
<tr><td>自主活动</td><td>学生通过手机或笔记本电脑在网上检索</td><td>4 分钟</td></tr>
<tr><td>教师引导</td><td>为什么多数同学找不到？是不是只是用百度查找？有没有其他方法？假如用百度找不到怎么办？有没有其他办法</td><td>2 分钟</td></tr>
<tr><td>启发引入</td><td>如何转变思考方向？教师启发学生用其他方法找到相关信息，例如通过查找主办单位，再通过主办单位官网找到当年发布信息的网页等</td><td>3 分钟</td></tr>
<tr><td rowspan="9">通过两个思维游戏，启发学生转变思考方向、寻找更多“正确答案”，形成遇到问题经常转变思考方向进行思考的习惯</td><td>布置游戏一</td><td>如何在土地上种 4 棵树，让任意两棵树之间的距离相等</td><td>1 分钟</td></tr>
<tr><td>启发鼓励</td><td>在学生想到第一个解决办法之后，问“还有没有其他答案”，鼓励学生转变思考方向，寻找更多的“正确答案”</td><td>2 分钟</td></tr>
<tr><td>推进活动</td><td>学生陆续找到第二、三、四、五种解决办法</td><td>12 分钟</td></tr>
<tr><td>总结强化</td><td>强化“转变思考方向、寻找更多正确答案是激发创造力的秘诀之一”意识</td><td>2 分钟</td></tr>
<tr><td>布置游戏二</td><td>11 个棋子摆成非对称十字形，要求移动 2 个棋子变成正十字形，而且横竖都必须是 6 个棋子</td><td>1 分钟</td></tr>
<tr><td>自主思考</td><td>学生想到第一个答案</td><td>2 分钟</td></tr>
<tr><td>选人回答</td><td>要求学生上台画出自己的解决办法</td><td>2 分钟</td></tr>
<tr><td>启发深入</td><td>有没有更多解决办法？学生陆续找出 3 种答案</td><td>5 分钟</td></tr>
<tr><td>总结提升</td><td>对激发创造力三板斧进行总结</td><td>5 分钟</td></tr>
</table>

相关教学 PPT 节选见右下方二维码：

注意事项：

教师在课堂上应留出充足的时间让学生自己思考，而不要急于告诉学生“正确答案”。

相关教学 PPT 节选

第二节课教学流程

教学意图	步骤	具体内容	时间
通过一组精心挑选的词和图形，让学生对软性思维有一直观、形象的理解	游戏一	展示一组词，让学生从中挑出“软性的词”和“硬性的词”，并与参考答案进行对比	2 分钟
		展示一组几何图形，让学生从中挑出“软性的图”和“硬性的图”，并与参考答案进行对比	2 分钟
	导入	软性思维特点、与硬性思维的区别、对创新的作用	1 分钟
通过一组小游戏，让学生运用想象力来回答，从而体验软性思维的好处	游戏二	在屏幕上展示白色中间的一个黑点，问学生“你看到了什么”，提示学生用“软性思维”，将自己想象到的东西在白纸上画下来	5 分钟
	小结	运用软性思维，我们可以把白纸上的一个黑点，想象成一个黑洞、雨伞的尖顶、枪眼、墨点……	2 分钟
通过一组小游戏，让学生运用想象力来回答，从而体验软性思维的好处	游戏三	在屏幕上展示一个圆形，问学生，如果请你在屏幕上画一个黑点，你会画在什么地方？请同学们在纸上先试着画画	2 分钟
		学生有多种答案，把点画在圆心、圆内、圆周线上、圆外、纸的背面	5 分钟
	小结	把点画在何处，一定程度上反映了每个人的心理投射，把点画在纸的背面的人，有突破常规的想象力	1 分钟
	游戏四	要求同学们在刚才圆和点作业的基础上，结合图形创作一首诗歌	1 分钟
	示范	教师先展示自己创作的一首诗歌《圆和点》进行示范（参见相关 PPT）	4 分钟
	作业	学生课堂创作与圆和点相关的诗歌	10 分钟
	展示	让学生将自己的诗歌发到学习平台的讨论区里，并通过投屏功能在大屏幕上展示，教师请学生朗读诗歌，并进行点评	10 分钟

相关教学 PPT 节选见右下方二维码：

注意事项：

在作品交流和展示环节，可利用手机平台分享和投屏功能，充分发挥信息技术的优势。

相关教学 PPT 节选

附录8 第八周教学设计范例

教学主题：强制联想、简化思维、移植借鉴

教学方式：线上学习

授课人数：70 人

学前分析：

本周是第三次线上学习，是激发创造力三板斧及相关扩展方法的最后一次理论学习。

线上学习导学案：

一、学习目标

1. 了解什么是强制联想？

2. 为什么要进行强制联想？如何进行强制联想？

3. 除了激发创造力三板斧外，还有哪些激发创造力的方法？这些方法与“三板斧”的关系是什么？

二、学习内容

1. 在线观看慕课第六讲强制联想、第八讲简化思维与打破规则、第九讲移植、借鉴与连接视频；

2. 阅读教材的相应章节内容；

3. 完成相关章节课后练习。

三、学习建议

最好是用手机中的笔记功能记下你学习过程中的所思所想，并在微信群或手机平台上向同学们分享自己的学习笔记。

四、思考问题

1. 如何选择强制联想中的两个事物或关键词？如何对强制联想的事物或关键词进行有效拆分？

2. 有没有不能被“三板斧”概括的激发创造力方法？这些方法是什么？

五、拟提问题

你打算向老师和同学们提出的问题是什么？

线上学习流程及注意事项：

同第一次线上学习流程及注意事项。

附录9 第九周教学设计范例

教学主题：创造力三板斧课堂练习(二)

教学方式：课堂练习

授课人数：70 人

学前分析：

本次课堂练习是创造力三板斧的最后一次练习，因此练习内容最好为课程最后阶段的完成创意作品做好铺垫。

第一节课教学流程

教学意图	步 骤	具体内容	时 间
通过热身游戏营造课堂轻松愉快氛围，活跃思维	热身游戏	给学生每人或每两人发一副四巧板，让学生用四巧板摆“T”字形，若摆得快可以多摆几个图形	10 分钟
通过示范让学生掌握强制联想创作诗歌方法	作诗示范	教师示范如何用四巧板强制联想创作诗歌，参见第 6 章“用四巧板强制联想作诗法”	10 分钟
教师布置课堂练习，让学生自己练习用四巧板强制联想作诗	课堂练习	要求学生先用四巧板摆出图形，再用“四巧板”和“爱情”作为关键词，结合四巧板图形强制联想创作诗歌或散文	15 分钟
通过作品展示和点评，分享各自成果与收获	分享展示评价	利用学习通讨论区分享各自的作品，利用各自的投屏功能，在大屏幕上展示各自作品，让学生自己朗诵作品，老师进行点评等	10 分

相关教学 PPT 节选见右下方二维码：

注意事项：

部分学生有可能觉得本课程经常练习诗歌和写作，会有些不太情愿，觉得这些练习对写作能力强的同学比较有利。教师在必要时可做些解释。首先，写作能力是信息时代沟通交流以及思考最基本、最必需的一种能力，人人都需要掌握；其次，诗是最需要想象力、创造力的艺术，学习写诗并不仅仅是训练写作能力，而是培养和训练创新思维能力。

相关教学 PPT 节选

第二节课教学流程

教学意图	步骤	具体内容	时间
通过补充讲授让学生了解强制联想发明创造方法	讲授	讲授将两个事物进行拆分，再强制联想设计新物品的方法；讲解常见的发明创造技法及与创造力三板斧的关系	10 分钟
教师布置课堂练习，让学生自己练习设计一个物品	任务	要求学生列出两个事物，进行强制联想或连接，设计一种新物品，在纸上画出来，并命名	10 分钟
通过小组分享和交流，进一步完善作品	分享、交流与完善	在组内分享自己的设计，并听取其他同学的意见和建议，选出本组最佳设计作品，再结合发明创造技法提供的各种思考框架提出改造和完善方案	15 分
通过全班展示分享各组最佳作品	分享与评价	教师要求部分小组在全班分享自己的创意设计作品并进行点评或全体评价（可利用学习通中的评分功能）	10 分钟

相关教学 PPT 节选见右下方二维码：

注意事项：

教师要注意引导，并举出具体的案例让大家了解强制联想和发明创造技法的应用方法。并建议同学们将本次练习的作品持续改进和完善，为最后的创意作品做准备。

相关教学 PPT 节选

附录10 第十周教学设计范例

教学主题：批判性思维与平行思维

教学方式：线上学习

授课人数：70 人左右

学前分析：

本周开始进入与创新相关的三种思维方式的学习，教学方式由游戏、创作转为思辨、分析，思维也由软变硬。

线上学习导学案：

一、学习目标

1. 重点了解什么是批判性思维？什么是平行思维？
2. 熟悉批判性思维的基本过程和方法，了解批判性思维与论辩式思维的异同；
3. 熟悉六顶思考帽的内容与方法。

二、学习内容

1. 在线观看慕课第十讲批判性思维与创新、第十一讲平行思维和六顶思考帽视频；
2. 阅读教材相关章节内容；
3. 完成相关章节课后练习。

三、学习建议

最好是用学习通中的笔记功能记下你学习过程中的所思所想，并向同学们分享自己的学习笔记。

四、思考问题

1. 如何理解批判性思维？批判性思维为什么重要？批判性思维为什么容易滑向论辩式思维？

2. 平行思维有哪些优点和缺点？六顶思考帽各代表什么？是如何使用的？

五、拟提问题

你打算向老师和同学们提出的问题是什么？

在线学习流程及注意事项：

同第一次在线学习流程及注意事项。

附录11 第十一周教学设计范例

教学主题：三种思维方式课堂练习(一)

教学方式：课堂练习

授课人数：70 人左右

学前分析：

三种思维方式课堂练习一共安排了两次，本次主要练习批判性思维和六顶思考帽。

第一节课堂教学流程

教学意图	步骤	具体内容	时间
通过提问和案例引入，让学生认识到批判性思维的重要性	导入	什么是批判性思维？对线上学习作一个简单回顾	2 分钟
	举例	案例一：甘南地区出现“漂浮汽车”的假新闻，见相关 PPT	1 分钟
	提问	遇到这样的“新闻”应该如何质疑？建议从来源、常识、证据、逻辑和理性等方面进行质疑	2 分钟
	求证	提供调查证据，官方对此事的澄清	1 分钟
	深入	为什么有人愿意相信网络谣言？原因有：批判性思维缺失，情绪左右，思维定式与心智枷锁，个人偏好的影响等	2 分钟
通过逐步讲解和案例示范，让学生学会如何按照三步法开展批判性思维	导入	批判性思维的三大步骤：质疑、求证、判断	1 分钟
	讲解	如何质疑：5W1H 法：Who、What、Where、When、Why、How	2 分钟
	举例	案例二：引述某学者关于“什么人才能上金课”的两段论述，参见相关 PPT	3 分钟
	提问	如何就上述论述进行质疑？通过手机学习通平台选 2～3 位同学回答问题	7 分钟
	小结	对学生回答进行点评，并从 5W1H 角度进行归纳	1 分钟
	讲解	如何求证？介绍求证的四个维度	1 分钟
	提问	你们打算如何求证？师生互动	5 分钟
	小结	对学生提问进行归纳，举出反面例证	2 分钟
	讲解	如何判断？介绍三种判断依据	1 分钟
	提问	如何评价该学者对金课的论述？总结该学者论述中的合理性和片面性	1 分钟
通过具体事例引入，讨论批判性思维与论辩式思维的异同，批判性思维与创新的关系	导入	真理会越辩越明吗？播放崔永元与复旦教授关于转基因辩论视频或提供辩论文字版材料	5 分钟
	讲解	辨明真理需要什么条件？求真求实意识、不被情绪左右、不为输赢困扰	1 分钟
	小结	列表阐述：批判性思维与论辩式思维的异同	2 分钟
	扩展	思考题：批判性思维与创新思维的关系	5 分钟

相关教学 PPT 节选见右下方二维码：

注意事项：

批判性思维的课堂练习一般只能用一两节课的时间，如何在这么少的时间内实现更多的教学目标，精心设计非常重要。教师应根据学生情况和教学条件，选择合适的案例进行练习。也可采用辩论赛的方式让学生了解论辩式思维和批判性思维的异同。

相关教学 PPT 节选

第二节课教学流程

教学意图	步骤	内容	时间
课前分组，为小组活动做好准备	课室布置	移动桌椅，根据班级人数摆成若干个长方形讨论桌，每组 4～5 人为佳	课间休息 10 分钟时进行
	分组	学生按事先分好的组就坐	
	发放纸笔	给每个小组发 1 张大白纸，2 支黑色粗笔	
通过教师担任主持人，开展六顶思考帽活动，以统一全班步调和提高效率	导入	教师简单回顾六顶思考帽内容，介绍本次活动方法、步骤和要求	3 分钟
	布置任务	讨论主题：共享单车要不要继续？如何继续	1 分钟
	分工	教师扮演“蓝帽”角色，主控全班思维进度，各组选出 1 个同学，将小组意见在大白纸上依次写下	1 分钟
	白帽	写下关于共享单车的客观事实、数据等	7 分钟
	黄帽	从正面肯定共享单车的好处、价值、意义等	5 分钟
	黑帽	从反面审视共享单车带来的问题、缺陷、矛盾等	5 分钟
	红帽	表达自己对共享单车的直觉、情绪、态度等	3 分钟
	绿帽	提出改进共享单车的方法、策略、创意等	7 分钟
	蓝帽	对上述各帽的思考进行总结、归纳	3 分钟
通过展示与点评，提高学生的认识水平	展示	教师挑选 2～3 组作业进行全班展示，请该组同学进行简要介绍	5 分钟
	点评	教师对学生作业进行点评	2 分钟
	自由发言	学生举手要求展示和发言	3 分钟
引导学生深化对平行思维和六顶思考帽法的认识	扩展讨论	六顶思考帽的优缺点，平行思维与批判性思维及创新思维的关系	5 分钟

相关教学 PPT 节选见右下方二维码：

注意事项：

（1）之所以设计以小组为单位进行讨论，是因为如果让每个人自己按照六顶帽子的顺序独立思考，效果并不一定很好，也增加教师指导的工作量。让学生以小组为单位，共同完成一份作业，则有利于大家互相交流讨

相关教学 PPT 节选

论，经过慎重斟酌后再写在纸上，显著提高了作业质量，而且课堂气氛较好。由教师统一主持，也是为了统一各组进度，避免有些小组过快，有些小组过慢，时间上不好协调。

(2) 进行六顶思考帽活动时，有实物道具更好，如果找不到六种颜色的帽子，也可用其他六种颜色的物品替代。如笔者曾在课堂上让学生自制过六色思考船。没有实物道具，只是用 PPT 显示六种颜色的帽子也可以。

(3) 由于课堂时间有限，只能简单完成一轮六顶帽子的转换。应该告诉同学们，在实际操作中，可以有更多的顺序和循环使用的方法。尤其是绿色思考帽，可以在任何时间与其他颜色的帽子交替使用，以提高新创意的产出率。

(4) 如果有足够的时间，可安排得更从容一些。

附录12 第十二周教学设计范例

教学主题：包容性思维、创新情境、创新人格等

教学方式：线上学习

授课人数：70人左右

学前分析：

本周是最后一次线上学习，内容涵盖慕课的最后四讲。

线上学习导学案：

一、学习目标

1. 重点掌握什么是包容性思维，包容性思维有哪些基本内容和步骤；
2. 熟悉包容性思维的优点以及其与批判性思维、论辩式思维和平行思维的异同；
3. 了解创新情境、创新人格的相关内容；
4. 对创新思维课程的理论部分进行总结。

二、学习内容

1. 在线观看慕课第十二讲包容性思维、第十三讲创新人格、第十四讲创新情境、第十五讲创新思维课程总结视频；
2. 阅读教材相关章节内容；
3. 完成相关章节课后练习。

三、学习建议

最好用学习通中的笔记功能记下你学习过程中的所思所想，熟记《创新思维歌》。

四、思考问题

1. 如何理解包容性思维？包容性思维有何优点？包容性思维如何操作？
2. 如何从“盲人摸象”的典故理解包容性思维的价值和意义？
3. 批判性思维、平行思维和包容性思维的应用各有何侧重？

五、拟提问题

你打算向老师和同学们提出的问题是什么？

在线学习流程及注意事项：

同第一次在线学习流程及注意事项。

附录13 第十三周教学设计范例

教学主题：三种思维方式课堂练习(二)

教学方式：课堂练习

授课人数：70 人左右

学前分析：

由于本次课堂练习是最后一次思维训练，接下来将有期末理论考试和创新思维实践，因此教学内容最好包括期末考试安排和创新实践的动员。

第一节课堂教学流程

教学意图	步 骤	具体内容	时 间
为课程活动做好准备	分组	让学生按照事先分组就坐，先给每个同学发放一张印有包容性思维五大步骤的 A4 纸，再给每个组发放 1 张大白纸和 2 支黑色粗笔	2 分钟
通过补充讲授让学生对包容性思维有更深入的了解	导入	盲人摸象的故事	2 分钟
	讲授	包容性思维的六种关系与五大步骤	8 分钟
通过具体事例让学生体验包容性思维方法与过程	布置任务	请用包容性思维整合“众人拾柴火焰高”和“三个和尚没水吃”两句谚语	1 分钟
	个人活动	每位同学需在 A4 纸上按照五大步骤提示，写下自己的思考	7 分钟
	小组活动	小组成员按照五大步骤集体讨论，选出 1 位同学将大家的共同意见写在大张白纸上	10 分钟
通过学生小组作业展示，教师点评，进一步强化学生对包容性思维方法的理解与掌握	分享展示	要求学生将个人作业拍照上传到学习平台，小组作业可通过粘贴或拍照展示	5 分钟
	点评讲解	教师对部分小组作业进行点评与讲解	5 分钟
教师对包容性思维进行总结	总结	教师对包容性思维与批判性思维、论辩式思维、平行思维的异同和各种优缺点进行总结	5 分钟

相关教学 PPT 节选见右下方二维码：

注意事项：

让学生先独立思考有助于减少搭便车现象，同时避免与过去的方式完全雷同，提高教学效果。

相关教学 PPT 节选

第二节课教学流程

教学意图	步 骤	具体内容	时 间
为课程活动做好准备	分组	学生可按上节课的分组就坐，也可自行组成新的小组	3 分钟
进行下阶段创新实践动员	讲授	教师介绍下一阶段的创新实践活动安排与要求等	5 分钟
	答疑	学生就相关问题向教师提问，教师解答	2 分钟
通过系列思维方法进行创意作品设计	分享	学生在小组内分享各自在本课程前期学习中完成的作业和作品	5 分钟
	初选	学生运用批判性质疑点评各位的作品，筛选出 1～2 件有希望的点子	10 分钟
	推敲	小组成员用六顶思考帽法对选出的作品进行细致推敲	10 分钟
采用激发创造力三板斧方法进一步完善创意作品设计	新创意	要求学生用激发创造力三板斧方法激发新创意，完善创意作品设计，用包容性思维整合不同意见	10 分钟

注意事项：

本节课的主要目的是，通过相应步骤引导学生利用学习过的知识和方法，完成创意作品的初步设计。教师应灵活掌握各环节的时间，不必过于拘泥具体的时间和流程，让学生更自然地完成或完善创意设计。同时务必要求学生课后提交具体的创意作品设计方案，内容包括创意作品名称、小组成员名单、组长或联系人姓名、联系方式、创意作品性质和具体设计方案、计划完成时间等，以便为后续作品展示与评价做准备。还要记得通知学生参加下周的期末理论考试。

附录14 第十四周教学设计范例

教学主题：期末测验

教学方式：课堂测验

授课人数：70 人

学前分析：

期末测验的目的是检查学生对慕课和教材理论学习情况。试题包含客观题和主观题两部分，客观题一共 45 题，每题 1 分，可采用线上考试的形式，通过手机扫码完成，系统自动评分。主观题一共 3 道，总分 55 分，均为开放性的题目，每道题没有唯一正确的答案，而且可以有多个正确答案。要求在卷面完成测验，学生回答完客观题后再由助教派发主观题答卷。为了体现评价的差异性原则，不给每道题确定具体分值，由教师根据学生答题情况综合评判。

考试试卷举例：

XXXX 年 XX 学期“创新思维训练”课程期末测试

考试时间：XXXX 年 X 月 XX 日 X 时

考生姓名：________________________

学　　号：________________________

一、客观题（单选题，共 15 小题，每小题 1 分，共 15 分）

1. 下面关于创新的描述中，正确的选项是（　　）。

A. 创新就是发明一个全新的事物

B. 将两件平常的事物进行重组也可能是一种创新

C. 创新必须在拥有丰富知识的基础上才能进行

D. 创造出来的东西必须有实用价值才算真正的创新

2. 阻碍我们创新的根本原因是（　　）。

A. 知识储备不足　　B. 心智枷锁

C. 思维定势　　D. 心智模式

3. 有人说“学校扼杀创造力”，这主要是指学校教育（　　）。

A. 强调统一化培养目标和标准化评价体系，压缩学生个性化发展空间

B. 教学内容紧紧围绕教材与大纲，让学生思维和眼界受限，容易产生权威型心智模式

C. 题海战术和应试教育让学生失去好奇心和对学习的兴趣

D. 以上都有

4. 关于转变思考方向的描述，下列各项中错误的是（　　）。

A. 转变思考方向对大多数人来说是容易做到的事情

B. 转变思考方向包括逆向思维、侧向思维、多向思维等

C. 头脑风暴法和思维导图有助于转变思考方向

D. 转变思考方向是突破思维定势的重要方法之一

5. 软性思考不包括(　　)。

A. 形象思维　　B. 逻辑思维

C. 联想　　D. 直觉

6. 关于强制联想的描述，下列各项中错误的是(　　)。

A. 发现两个事物之间的不同

B. 对两个事物或概念进行细致拆分，再进行强制连接

C. 用两个词进行自由发散联想，然后再进行词与词之间的搭配与重组

D. 在两个看上去无关的事物之间寻找内在联系

7. 思维导图包含的基本组成要素是(　　)。

A. 核心主题与分支　　B. 关键词与联系线

C. 颜色与图形　　D. 以上都是

8. 下面关于简化思维的描述中不正确的是(　　)。

A. 聚焦核心问题　　B. 从结果反推过程

C. 从侧面迂回思考　　D. 类似于逆向思维

9. 移植与借鉴思维是指(　　)。

A. 将一个事物与另一个事物对接起来

B. 将一个事物的一部分挪到另一个事物中去

C. 将一个领域的原理、方法或构想运用到另一个领域之中

D. 以上都不对

10. 关于批判性思维的描述，下列不正确的选项是(　　)。

A. 批判性思维已有统一规范的定义

B. 批判性思维强调质疑与求证，进行理性思考

C. 批判性思维要求进行符合逻辑的分析与推理

D. 批判性思维并不等于一味否定

11. 关于平行思维的描述，下列不准确的选项是(　　)。

A. 平行思维与转变思考方向有本质上的相似之处

B. 平行思维有利于避免思维对立

C. 平行思维有利于整合不同意见

D. 平行思维帮助我们从多个角度看待事物

12. 包容性思维的长处主要是(　　)。

A. 明辨是非、做出评判　　B. 避免冲突、多元思考

C. 折中妥协、不偏不倚　　D. 整合歧见、统一认识

13. 关于创新人格的描述，下列各项中不准确的是(　　)。

A. 创造性天才有强烈的自我意识

B. 创造性天才失败概率不比普通人少

C. 创造性天才大都比较自信

D. 创造性天才大都是情商很高的人

14. 下列各项中不适合创新的情境的选项是(　　)。

A. 宽松愉快的　　B. 和谐平等的

C. 庄重严肃的　　　　D. 认真思考的

15. 本课程涉及的内容有(　　)。

A. 创新的定义、原理、方法、练习等

B. 批判性思维、平行思维和包容性思维

C. 创新情境、创新人格、高峰体验

D. 以上都包括

二、判断题(共30小题，每小题1分，共30分)

1. 学习创新思维，重在领悟而不是记忆。(　　)
2. 我干的是日常工作，也需要创新思维。(　　)
3. 每个人都有最适合自己的创新情境。(　　)
4. 单位里层级太多条块分割不利于激发员工的创造力。(　　)
5. 创造性与天赋没有关系。(　　)
6. 恰当的教育与引导有利于激发创造力。(　　)
7. 包容性思维认为任何观点都有合理的一面，在某种限定条件下可以成立。(　　)
8. 包容性思维认为由于立场、观点、价值观的不同会存在不同甚至对立的观点。(　　)
9. 水平思维的典型方法是六顶思考帽。(　　)
10. 垂直思维比水平思维更有利于创新。(　　)
11. 批判性思维包含质疑、求证和判断三个环节。(　　)
12. 在创意的萌芽阶段应该多采用批判性思维。(　　)
13. 仿生学原理利用的就是移植与借鉴思维。(　　)
14. 联想思维是很重要的创新思维方法之一。(　　)
15. 简化思维不等于简单思维。(　　)
16. 凡事一定要按照程序去做。(　　)
17. 思维导图分支越多表示思维越广越灵活。(　　)
18. 颜色和图形有利于促进左脑思维。(　　)
19. 一般来说，两个事物或概念之间的距离越远，强制联想的效果越好。(　　)
20. 强制联想也可以同时在三个事物之间进行。(　　)
21. 在创意的形成过程中，逻辑思维毫无用处。(　　)
22. 任何事物之间都有相似处与不同处，只要你懂得运用软性思维。(　　)
23. 智慧墙有助于打破从众思维。(　　)
24. 头脑风暴时不仅要追求点子的数量还要追求点子的质量。(　　)
25. 心智模式不容易发生改变。(　　)
26. 异想天开的人都是不靠谱的。(　　)
27. 创造力的高低取决于知识的多寡。(　　)
28. 内行的创造力不一定强于外行。(　　)
29. 中小学生主要是学习基础知识，只有大学生以上才需要进行创新思维训练。(　　)
30. 人人都有创造力，只不过有些人没有表现出来，有些人表现出来了而已。(　　)

三、主观题

下面共有三道题，满分55分，由老师酌情评分。

1. 下面有四组图，共 16 个元素，请用这些元素(不能多于 16 种，可以少)画出尽可能多的、新颖的、有创意的图形，并给每个图形命名。超过 16 种元素的不得分，常见的没有创意的图形不得分，没有命名的不得分。

直线　半圆线　波浪线　点

2. 古语说“三个和尚没水吃”，意思是人多了反而容易养懒汉；古语又说“众人拾柴火焰高”，意思是人多力量大，好办事。请用包容性思维将两句话统一起来，使之互相不发生矛盾。(参照包容性思维的五大步骤进行表述)

3. 请谈谈你的期末创意作品的设想，越详细越好。(有需要时可以画图)

注意事项：

考试的目的是为了促进学生学习，而不仅仅是评价学生的成绩。若学生对本次考试不满意，教师可给一次补考机会，取最高得分作为学生的期末考试成绩。期末考试成绩在课程总分中占 20%左右。

附录15 第十七周教学设计范例

教学主题：创意作品展示(一)

教学方式：课堂展示

授课人数：70人

学前分析：

学生经过动员和组织已经基本完成创意作品，并在第十五周提交了作品名和小组成员名单等资料，第十六周提交最终作品并进行了预展示。教师需要根据作品数目和类型等信息，设计展示方式，安排展示顺序，组织作品评价，以及进行点评和总结准备。本周是第一次作品正式展示与评价。由于作品较多，全部上台展示时间不够，故第一节课采取创意超市形式展示实物类作品。

第一节课展示流程

教学意图	步骤	具体内容	时间
节省时间，提前准备	课前准备	在教室中间将课桌摆出一个圆圈，让第一批展示的同学坐在圆内，作品摆在面前的桌上；其余学生坐在圈外，每人手中有三张选票	课前10分钟
让学生了解作品展示活动安排	开场介绍	介绍作品展示与评价方式、名单、顺序、要求及注意事项等	10分钟
通过创意超市的形式快速展示部分作品	创意超市	让圈外的学生绕圈查看各个作品，圈内学生进行介绍。圈外学生将手中的选票分别投给三个中意的作品	30分钟
登记投票结果	登记结果	助教将圈内个人手上的选票收集、记录，作为作品评分的一部分	5分钟

展示名单

序号	作品名称	小组成员	展示方式
1	物品的幻想	张XX	图片展示
2	创意广告	李XX、明XX	建议彩打图片展示
3	简易鞋柜	陈XX	图片展示
4	《繁花·星空》	白XX、吉X	图片展示
5	《小诗画中大》	汤XX	建议彩打图片展示
6	如空	吴XX	实物+图片展示
7	灭火——广东凉茶	钟XX	建议彩打图片展示

续表

序　号	作品名称	小组成员	展示方式
8	环保筷筒	李 XX	实物展示
9	夏日寝室“防蚊神器”	陈 XX	图片展示
10	可折叠床上插座＋桌＋架一体	陈 X	图片展示
11	创意伞	彭 XX	图片展示
12	放下手机	黄 XX、倪 XX	图片展示
13	我最爱吃的三种水果	高 XX	图片展示
14	幸运星水晶灯	侯 XX	图片＋实物
15	鞋靴	赖 XX	图片展示 16
16	防倾翻易拉罐	罗 XX	实物展示
17	中大顺客隆宣传诗	秦 X、潘 XX	建议图片加文字展示
18	自制宿舍神器——捕蚊灯	沈 XX	实物展示
19	可折叠的扫把	王 XX	图片＋实物
20	下蛋公鸡	许 XX	实物展示
21	初夏夜之梦	张 XX、张 XX	实物展示

注意事项：

作品展示最关键的是，教师要事先对作品数目进行统计，对作品性质进行分类，对作品内容有所了解，以决定展示的时间、展示的方式以及评价的方式等。展示过程中要控制好时间，既让学生有充分展示的机会，又不会拖堂。还可以结合具体的时间、地点、内容等因素对展示活动进行创意设计，使整个展示气氛活跃生动，成为本课程教学的“高潮”。

第二节课展示流程

教学意图	步骤	具体内容	时间
节省时间，提前准备	课前准备	将课桌还原为平时上课时的状态，学生分组就坐	课间 10 分钟
通过上台报告的形式展示部分作品	上台展示	学生依次展示自己的作品，每组展示时间 3～5 分钟	45 分钟

展示名单

序号	作品名称	小组成员	展示方式
1	四国互博桌游	陈 XX	PPT 展示
2	多功能卷笔刀	潘 XX、潘 XX、彭 X、石 XX	PPT 展示
3	环保概念机械	文 X、李 XX、李 X	PPT＋模型展示
4	从高分子引发的联想	吴 X	PPT＋实物展示

续表

序号	作品名称	小组成员	展示方式
5	仿生捕虫器	林 XX	PPT 展示
6	“食+”	李 XX、林 XX	PPT 展示
7	你的必刷题(your sincerely)	潘 XX、陈 X、刘 XX、王 X	演讲+情景剧展示
8	《疆广》	凯 XX	建议 PPT+讲解
9	吮指薯片袋；超能充电鞋	王 XX、周 X	PPT 展示
10	可以变为显微镜、体式镜和望远镜的戒指	周 XX	PPT 展示
11	小说《罗伯特祖母的遗嘱》	邱 XX	发学习通讨论留言
12	麻花辫	李 X	朗诵诗歌并展示图画
13	基于解决潜在冲突而搭建的灵巧模块	苏 XX	PPT+情绪表演

附录16 第十八周教学设计范例

教学主题：创意作品展示(二)与课程总结

教学方式：课堂展示

授课人数：70 人

学前分析：

本次课是最后一次课，要完成剩余作品展示、评价和课程总结、颁奖等活动。

作品展示流程

教学意图	步骤	具体内容	时间
让学生了解作品展示活动安排	开场介绍	介绍作品展示与评价方式、名单、顺序、要求及注意事项等	5 分钟
通过上台报告的形式展示部分作品	上台展示	学生依次展示自己的作品，每组展示时间 8 分钟	40 分钟
	课间休息		10 分钟
通过上台报告的形式展示部分作品	上台展示	学生依次展示自己的作品，每组展示时间 8 分钟	25 分钟
鼓励优秀作品	点评颁奖	教师对优秀作品进行点评与颁奖	10 分钟
总结与调查	总结调查	教师对课程进行总结，并发放无记名问卷调查表	10 分钟

展示名单

序号	作品名称	小组成员	展示方式
1	闻香识中大	李 X、陈 XX、苏 XX、谢 XX	PPT 展示
2	平面—立体的视觉艺术	李 XX	视频＋讲解
3	创意三连	梁 XX、李 X、李 X	PPT 展示
4	Memory	鄭 XX、周 XX	音频＋介绍
5	儿时二三事	罗 XX	视频展示
6	“找到你”定位器	任 XX	PPT 展示
7	《晚安》	方 XX	视频展示
8	小小世界	蒋 XX	视频展示(建议将实物带到教室)

注意事项：

课程结束前对学生进行无记名问卷调查非常重要，可以了解学生对课程的满意度和意见建议等，为下学期教学设计的改进提供参考。问卷调查内容可包含学生对课程的总体满意度、对课程好的方面与不足之处的调查、对课程教学的意见和建议等。

各章参考答案

第 1 章

一、单选题：1. C；2. D；3. D；4. C；5. D；6. A；7. D

二、判断题：1. ×；2. ×；3. √；4. √；5. ×；6. √

三、思考题：2. 一个口；3. 画在纸的背面最有想象力

热身游戏二：将垃圾铲中间横放的火柴向左或右平移一半，再将下面的 1 根竖着的火柴移到上方来。

第 2 章

一、单选题：1. D；2. D；3. B；4. D；5. D；6. A；7. A

二、判断题：1. ×；2. √；3. ×；4. √；5. ×；6. ×；7. ×；8. ×

三、思考题：

1. 故事一：开始的时候，大多数人会以为两个人是同时来到河的同一边，这就是一个思维定式。只有突破了这个思维定式，想到两个人各自来到河的不同边，问题就迎刃而解了。

故事二：一看到“公安局长”四个字，人们的脑海中很容易出现一个英武的硬汉形象，这就成为了妨碍找到这个问题答案的心智枷锁。公安局长是男性属于高概率事件，但有时也可能是女性。只要能想到这个故事里的公安局长是女性这个低概率事件，问题的答案就呼之欲出了。

2. 1 日＝24 h；－16 equal to(与数字 2 的英文 two 谐音)－16

第 3 章

一、单选题：1. D；2. D；3. B；4. A；5. C；6. C；7. D

二、判断题：1. √；2. ×；3. √；4. ×；5. √；6. ×

第 4 章

一、单选题：1. D；2. C；3. D；4. C；5. B；6. B

二、判断题：1. √；2. √；3. ×；4. ×；5. ×；6. √

逆向思维练习例题 1：假设长女分得 1 头牛，然后依次反推，次子得 2 头，长子得 4 头，妻子得 8 头，总共 15 头。

逆向思维练习例题 2：父亲赶上儿子的时间是 10 秒，小狗每秒跑 5 米，共跑了 50 米。

逆向思维练习例题 3：4 棵树要两两距离相等，必须是正四面体的四个点，可根据这四个点的位置反推树的摆放方法，同时考虑如何测量每两棵树之间的位置。可从树根、树梢分别测量，树与树之间的距离也可都等于零，因此，可以有至少 4 种摆放方法。

侧向思维练习例题 1：从邻居家借 1 头骆驼，凑成 18 头再分，分别是大儿子得 9 头，二儿子得 6 头，三儿子得 2 头，分完后把剩下的 1 头还给邻居。

侧向思维练习例题 2：111^{11}

第 5 章

一、单选题：1. A；2. D；3. D；4. B；5. D；6. A

二、判断题：1. ×；2. √；3. √；4. √；5. √；6. √

热身游戏一：

硬性的词：逻辑、理性、物理、机械、推理、公式、论文、操作

测量、男人、成人、确定、清晰、计划、条理、单纯

软性的词：想象、情感、音乐、诗歌、猜想、灵感、相声、舞蹈

估计、女人、儿童、大概、模糊、随意、混乱、复杂

热身游戏二：

硬的

软的

第 6 章

一、单选题：1. D；2. C；3. C；4. B；5. D；6. C；7. B；8. D；9. B；10. C

二、判断题：1. √；2. √；3. ×；4. √；5. √；6. ×；7. √；8. √；9. √；10. √；11. √；12. ×；13. ×

第 7 章

一、单选题：1. D；2. D；3. A；4. C；5. D；6. B；7. D；8. D

二、判断题：1. √；2. √；3. ×；4. ×；5. ×；6. ×；7. ×；8. ×

三、思考题：附上崔永元与卢大儒争论转基因文字版供参考。

以下是现场卢大儒老师和崔永元的对话实录。卢大儒和崔永元分别用 L 和 C 代替。

L：多年前我推动生命科学院成立了伦理委员会，那么在这些问题上，知情同意是一个最大的问题。黄金大米其实本身最大的问题就是程序问题、伦理问题。但这些问题如果跟转基因混为一谈，那将使转基因更加妖魔化。所以我希望……

C：请问这位老师，什么叫混为一谈？我没听懂。

L：这是一种误导，比如说讲黄金大米——我们是不是可以具体讲这一件事？

C：可以。

L：我是讲科学问题和程序问题是两个问题。黄金大米有很多科学需求，对于夜盲症儿童、对贫困发展中国家的儿童，它是非常重要的，这是经过了几代人的努力，也得到了很多

社会公益的支持，才把这个项目做出来的。

C：这是您的观点吗？

L：应该说是我们业内专家共同体的观点。

C：什么叫“业内专家共同体”？

L：因为我个人不是做这个工作的，但是我们转基因研究的很多科学工作者在做这样的事情，有一个我们叫作“业内共同体”，这不是个人的观点。

C：业内共同体不是作家协会是吧？

L：当然不是作家协会，而是研究转基因的专家。

C：只要是研究转基因的专家都叫业内共同体是吗？

L：我跟你讲，这就是具体的细节，这就是你们新闻人跟我们科研人员的不同。我不跟你计较这些。你要把我陷进去，没有意义。

C：我跟你说有意义。因为我跟他们争论的时候，他们说这是“科学家的共识”，我说是吗？他们又说是“分子生物学家的共识”，是吗？又说“这是有良知的分子生物学家的共识”。

L：那你能说你是媒体人吗？你也不能说的呀。所以你这些话这样展开，我只是说不要把转基因的科学性和伦理程序问题混为一谈，我讲的是这件事情对不对？有必要这样去展开吗？

C：好，那我们说第一个问题。我们先说黄金大米本身的问题再来说伦理。

L：我跟你说，这个问题我认为科学你认为不科学这就是你的事情。但我跟你讲问题是在程序上，是在伦理的问题上，对不对？你要跟我讲科学性，说句老实话，你有什么资格跟我谈黄金大米的科学问题呢！

C：不要那么激动。

L：我不是激动，你不要纠缠这个问题了。

C：你没必要这么激动。

L：不要纠缠这个问题。

C：不是纠缠，是给大家说清楚，您告诉我黄金大米转入了几个基因呐？

L：它有几个转基因，中间有几个代谢酶，但是我跟你讲，它还在不断完善。

C：几个？在湖南实验的，几个？

L：它是用带了代谢酶的两个基因转进去的。

C：几个，两个吗？

L：这中间有第一代和第二代……

C：我问你湖南的黄金大米试验转入了几个基因？这个问题不简单吗！您是老师啊，转入了几个？

L：我不是今天来跟你争这个的……

C：你这太开玩笑了！你连转入了几个都不知道你就说安全啊！

L：这不是来跟你说细节问题。

C：几个啊，几个？你说啊，几个？

L：有两个的，还有一个的，都有。

C：七个！

L：不全是七个。他这个有很多种。

C：而且我告诉你，说黄金大米不安全不是我说的，我确实没有资格说，这是XXX研究院XX教授说的(听不清)，这也是生物科学的专家，明白吗？

L：我们不能因为某一个专家就否定这个业内共同体的事实。

C：这不是某一个和某几个，这就说明科学家之间有争论，不要说什么业内共同体。我想问您，您学过播音主持吗？您有什么资格跟我争论呐？

L：你今天不来讲转基因我会来跟你争论吗？莫名其妙，太莫名其妙了！

C：你这样的老师教出这样的学生一点都不奇怪，你还研究科学伦理的，我告诉你们用这种方式推广转基因就是没戏。特别你还是老师，我没学过分子生物，你恨不得把我吃掉，你就用这样的方式科普？

L：这是你的感觉吧，谁要把你吃掉？

C：这当然是我的感觉。

L：我觉得你就是抓住一个细节不断纠缠。

C：什么叫细节，那是你研究的专业，你连转了几个都不知道。

L：不是我的专业，我跟你说了，我不是专门研究这个，我是做相关工作的。

C：我告诉你，新闻界共同体认为你们这个共同体不靠谱。哪有这么个共同体，对不对，哪个知识是关于科学界共同体的，都是张三李四王二麻子的。

L：这不是一个问题。

第8章

一、单选题：1. D；2. C；3. D；4. B；5. A；6. D

二、判断题：1. ×；2. √；3. ×；4. √；5. ×；6. √

第9章

一、单选题：1. C；2. C；3. D；4. D；5. A；6. B；7. A；8. C；9. C；10. A

二、判断题：1. √；2. √；3. √；4. ×；5. ×；6. ×；7. √；8. √

第10章

一、单选题：1. D；2. B；3. D；4. B；5. D；6. A；7. D；8. A；9. D；10. D

二、判断题：1. ×；2. √；3. ×；4. √；5. √；6. √；7. √；8. √；9. √；10. ×

第11章

一、单选题：1. D；2. C；3. D；4. D；5. D；6. D

二、判断题：1. ×；2. ×；3. ×；4. √；5. ×；6. √

第12章

一、单选题：1. A；2. D；3. C；4. C；5. D；6. D

二、判断题：1. ×；2. √；3. √；4. ×；5. √；6. √

后 记

这本教材能够顺利完成，要归功于两个人和一个时机。

第一个人是西安电子科技大学出版社编辑明政珠。2019 年 9 月 27 日我在西安讲学期间，她从微信朋友圈中得知我到了西安，就到我讲学的西北工业大学，劝我写一本创新思维课程的新教材。在这之前已有另两家出版社约我，我没答应。因为我已经出过两版《你没听过的创新思维课》，很难再写出有新意的教材。但明编辑很有韧性，一直说服我，并给我提出建议。

那天我们坐在学校酒店中央的大平台上，一边喝茶一边聊写书的事。聊着聊着，终于有了灵感，写一本不同于以往的混合式学习教材，把我多年的思维教学实践经验总结出来。打动我的还有两点：一是明编辑告诉我，目前这类课程教材有较大的市场需求；二是他们出版社会努力宣传推广。明编辑后来透露，见我之前她花了一年多时间，看完了我所有的博文和网上关于我的全部消息，才决定来见我。可见她的用心，这在如今的年轻人中并不多见。

从西安回到广州，就收到明编辑发来的选题登记表。我按要求填好发回后，很快就收到了出版合作协议。这是我第一次还没动笔写一个字就跟出版社签订的合同。我开始感到有压力，也很快就把这本书的写作正式提到日程上来。

但年底前我一直忙于各地讲课讲学，参加金课的评审与申报，整整三个月都没写出多少字。以至于寒假去江南短暂休息几天，还带着电脑，想见缝插针地写几段。在西塘古镇，住在临河的老屋里，我写了一副对联自嘲：

坐飞机穿布鞋走老路一日梦回千百载，
住古镇用电脑写新书半晌敲出六七行。
横批：古今穿越才思枯竭

旅行归来，新型冠状病毒肺炎开始蔓延，全国进入“战”时状况，我也遵守规定闭门不出，终于可以心无旁骛从容著述了。这段时间我每写几章就发给明编辑看看，她不时给我一些意见建议，很快我就找到了全书的写作框架，并顺利完成了初稿。

这时我想到了第二个人，上海师范大学的黎加厚教授。加厚老师是教育技术界最有想象力和创意的学者之一，他敏锐的眼光、宽广的视野是我所不具备的。我一直认为他是我见过的思维发散能力最强的人。恰好这时加厚老师微我，问我这些天在家干什么，我汇报了写书一事，并请他给提提意见。于是我们进入了写作的第二阶段。加厚老师边看边发表自己的看法和建议，还给我提供大量的参考资料和写作思路。他用讯飞语音输入，发信息速度很快；我则把他的建议内化为自己的思考写出来。这不是我们第一次合作。他为我的书写过序，写过点评；我以前好几篇重要论文都有他的贡献。他是那种站在后辈学者身后默默支持不求回报的前辈学者。我能说什么呢？只能以这种方式表示感谢。

这就是读者今天看到的这本教程的来历。我相信它的内容、体例都是独一无二的，至少我自己没有见过。

王竹立
2020 年 2 月 21 日于广州家中

参考文献

[1] 王竹立. 你没听过的创新思维课[M]. 2 版. 北京：电子工业出版社，2015.
[2] 王竹立. 碎片与重构 2：面向智能时代的学习[M]. 北京：电子工业出版社，2017.
[3] (美)罗杰·冯·伊区. 当头棒喝：如何激发创造力[M]. 黄宏义，译. 北京：中国友谊出版公司，1985.
[4] (英)爱德华·德·波诺. 六顶思考帽：迅速搭建智力资本扩张的平台[M]. 冯杨，译. 北京：北京科学技术出版社，2004.
[5] (英)爱德华·德·波诺. 水平思维法：一种更简洁、更有效的创新思维技巧[M]. 冯杨，译. 太原：山西人民出版社，2008.
[6] (美)霍华德·加德勒. 创造力 7 次方[M]. 洪友，李艳芳，译. 北京：中国发展出版社，2007.
[7] (美)米哈里·希斯赞特米哈伊. 创造力：心流与创新心理学[M]. 黄珏苹，译. 杭州：浙江人民出版社，2015.
[8] (美)Ronald A. Beghetto，(美)James C. Kaufman. 培养学生的创造力[M]. 陈菲，等译. 上海：华东师范大学出版社，2013.
[9] 王竹立. 学习与创新：互联网时代如何做教师[M]. 北京：高等教育出版社，2017.
[10] (美) 安奈特·穆瑟-魏曼，蔡梵谷. 天才的 5 种创意方程式[M]. 汕头：汕头大学出版社，2003.
[11] 王竹立. 人工智能时代的教育畅想[J]. 今日教育，2017(9)：12－15.
[12] 王竹立. 论联想与创新的关系[J]. 数字教育 2016，2(6)：1－9.
[13] 王竹立. 新建构主义理论视角下的创客教育[J]. 创新人才教育，2015 年创客教育专刊 2015：19－24.
[14] 王竹立. “互联网＋”与创客教育[J]. 今日教育，2016(2)：10－13.
[15] 王竹立. 面向智能时代的知识观与学习观新论[J]. 远程教育杂志，2017，35(3)：3－10.
[16] 王竹立. 再论面向智能时代的新知识观—与何克抗教授商榷[J]. 远程教育杂志，2019(2)：45－54.
[17] 王竹立. 新知识观：重塑面向智能时代的教与学[J]. 华东师范大学学报教育科学版，2019(5)：38－55.
[18] 王竹立. 包容性思维：网络时代学习的一种新思维方法[J]. 开放教育研究，2014，20(6)：88－94.
[19] 王小雪，刘菁，许涛，等. 开放创新理念与“颠覆式技术”在教育教学中的实践与研究：AECT2016 年会评述与思考[J]. 远程教育杂志，2017(1)：3－16.
[20] 张洪家，汪玲，张敏. 创造性认知风格、创造性人格与创造性思维的关系[J]. 心理与行为研究，2018(1)：51－57.